本书为河南省哲学社会科学规划项目"中华传统孝道创新性发展研究"(2016BKS001)最终成果

中华传统孝道创新性发展研究

李蕾 ◎ 著

中国社会科学出版社

图书在版编目(CIP)数据

中华传统孝道创新性发展研究/李蕾著. —北京：中国社会科学出版社，2020.8

ISBN 978-7-5203-6945-9

Ⅰ.①中… Ⅱ.①李… Ⅲ.①孝—传统文化—研究—中国 Ⅳ.①B823.1

中国版本图书馆CIP数据核字（2020）第146821号

出 版 人	赵剑英
策划编辑	赵　威
责任编辑	刘凯琳
责任校对	赵雪姣
责任印制	王　超

出　　版	中国社会科学出版社
社　　址	北京鼓楼西大街甲158号
邮　　编	100720
网　　址	http://www.csspw.cn
发 行 部	010-84083685
门 市 部	010-84029450
经　　销	新华书店及其他书店
印　　刷	北京君升印刷有限公司
装　　订	廊坊市广阳区广增装订厂
版　　次	2020年8月第1版
印　　次	2020年8月第1次印刷
开　　本	710×1000　1/16
印　　张	14.75
字　　数	201千字
定　　价	86.00元

凡购买中国社会科学出版社图书，如有质量问题请与本社营销中心联系调换

电话：010-84083683

版权所有　侵权必究

前　言

中国传统孝道是中华民族美德之根，影响了中国的政治、经济、文化和社会生活长达几千年之久，并且已经内化成了一种民族精神，在中华民族的历史上具有举足轻重的地位，但随着历史的发展也带来了一些负面影响。五四运动前后对孝道的批判是对几千年孝文化沉积的负面因素的清理，是特定历史条件下的自然选择，对于摆脱几千年的封建社会固定化的社会模式、改变社会文化心理结构以及迎接新文化有积极的推动作用，是很有必要而且有价值的，从这个意义上来说，五四运动已经完成了其历史使命。

但是五四时期的一些对于孝道的批判不免失于偏激，有点矫枉过正，甚至有个别言论属于全盘否定，这是我们继承新文化运动精神时需要警醒的。在这方面新儒家对孝道的反思为孝道在新时代的继承和重建做了不少有意义的尝试，对我们具有启发意义。我们一定要继承儒家的孝道精华，并使之与当下的社会境遇相结合，使我们的社会和文化得到和谐健康的发展。同时，要避开政治的工具性利用的历史嫌疑，以教化为主线，继承经典正统和民间文化的优良基因，注重历史与现实的打通和融合，结合时代文化的发展，使之成为人民追求美好生活的必需。

本研究主要采取理论联系实际的方法，分为上下两篇。上篇理论探索主要以当代精神去观照经典，阐释儒家经典的意义和价值。从作为中华文化源头的《周易》到孔子、曾子、孟子、荀子等儒家代表人

◆◆◆ 前 言

物的孝道思想中发掘具有时代内涵和有益于当下的精神价值，寻求孝道一以贯之的超越时代的精神价值内核。基本是围绕关于孝道的最有争议的核心问题——自由、民主、平等，在新时代的社会背景下以社会主义核心价值观对其进行全面认识，萃取对社会主义建设事业有益的思想精华。从哲学基础、存在意义、价值目标、分寸准则、人性基础等五个方面构成了一个整体。

下篇对于实践方面的研究，既是对理论研究的验证和深化，也是对新理论的探索和思考。为了避免大而空地坐而论道，主要结合个人多年的社会实践和学术积累，选取一定角度适当深入。主要探讨孝道与传统国家政权解绑以后如何发展的问题，以现代的眼光透视民间传统和实践，选取有代表性的几个切入点由家庭教育到民间文化再到社会组织，最后反观社会生产方式和生活方式对于当今孝道的影响以及当今新孝道的建设基础。

荀子曰"不登高山，不知天之高也；不临深溪，不知地之厚也"，不研究孝道不知中华传统文化之博大精深，不知个人学养之不足。时间仓促，谬误不妥之处，还望方家赐教！

目　录

上篇　理论探索

第一章　《周易》中的差等观和孝道 …………………… (3)
　　第一节　《周易》中的差等 ………………………… (4)
　　第二节　《易经》中的平等 ………………………… (9)
　　第三节　《周易》与孝道 …………………………… (16)

第二章　《论语》中多重维度的"孝" ………………… (21)
　　第一节　时间维度上的孝…………………………… (22)
　　第二节　空间维度上的孝…………………………… (31)
　　第三节　超越时空维度上的孝 ……………………… (37)
　　第四节　《论语》中孝的当代价值 ………………… (42)

第三章　《孝经》中的"移孝作忠" …………………… (43)
　　第一节　先秦时期的忠孝观念与《孝经》 ………… (43)
　　第二节　汉后《孝经》注疏"移孝作忠" ………… (48)
　　第三节　近现代对孝道的批判与重建 ……………… (55)
　　第四节　思考"移孝作忠"的当代价值 …………… (61)

目 录

第四章 《孟子》中孝道的情与义 …………………………（67）
  第一节 《孟子》中的"情"与"义" …………………（68）
  第二节 《孟子》孝道的理论展开 ……………………（74）
  第三节 "情""义"的冲突与协调 ……………………（81）
  第四节 "情"与"义"的现代思考 ……………………（86）

第五章 《荀子》中孝道的人性根基 ……………………（87）
  第一节 荀子孝道的人性论根基 ………………………（88）
  第二节 以礼入孝 …………………………………………（94）
  第三节 道义为准 …………………………………………（96）
  第四节 荀子孝道的当代价值 …………………………（101）

下篇　实践传承

第六章 家庭教育是孝道之根 ……………………………（109）
  第一节 家庭读经的产生背景 …………………………（111）
  第二节 家庭读经的益处 ………………………………（113）
  第三节 家庭读经的原则 ………………………………（116）
  第四节 家庭读经的方法 ………………………………（119）
  第五节 需要注意的问题 ………………………………（122）
  第六节 家庭读经的时代意义 …………………………（123）

第七章 民间文化的引领教化（上） ……………………（130）
  第一节 教化的主体和对象 ……………………………（130）
  第二节 教化的场所和方式 ……………………………（138）
  第三节 教化的效果分析 ………………………………（142）
  第四节 "二十四孝"的当代反思 ……………………（146）

第八章 民间文化的引领教化（下） ……………………（148）

    第一节 忠孝两全的典型 ………………………………（148）

    第二节 忠孝不能两全的悲剧 …………………………（150）

    第三节 对养父母也得尽孝 ……………………………（161）

    第四节 以德报怨的闵子骞 ……………………………（168）

    第五节 伦理困境的两难选择 …………………………（169）

    第六节 对不孝者的快意惩治 …………………………（172）

    第七节 城镇化进程中的孝道 …………………………（174）

    第八节 民间孝道的当代价值 …………………………（177）

第九章 孝道的民间组织实践 ……………………………（179）

    第一节 孝文化促进会简介 ……………………………（179）

    第二节 孝心示范村建设 ………………………………（182）

    第三节 孝道的当代精神价值 …………………………（185）

第十章 社会基础与孝的变迁 ……………………………（193）

    第一节 孝道是否具有普世价值 ………………………（194）

    第二节 社会变化对孝道的冲击 ………………………（198）

    第三节 探索新时代的新孝道 …………………………（206）

参考文献 ……………………………………………………（221）

上篇 理论探索

第一章 《周易》中的差等观和孝道

孝文化在中华民族历史中源远流长。"孝"字在金文中为子承老形，在小篆中在上为老的上半部分，在下为子，意为"善事父母"。孝道在中国长达两千多年的历史上曾经被认为是和睦家庭、治理国家的至德要道而备受推崇，但是到了19世纪末，在西方文明的重创下，知识分子动摇了对本民族文化的自信心，孝道开始遭到批判。以陈独秀、吴虞、鲁迅为首的新青年对孝道进行了猛烈的批判，形成了一股强大的"非孝"思潮，他们反抗等级，反抗权威，反抗家长制，追求民主与平等。陈独秀认为孝道剥夺了个人法律上的平等权利；吴虞认为孝道教一般人恭恭顺顺的，任由在上的人愚弄，把中国弄成一个制造顺民的大工厂；胡适动辄便把中国日益深化的危机都归责于孝道；鲁迅更是批判了封建伦理道德"吃人"的本质。

这些思想在某种程度上依然影响到现在人们对孝道的认识。即使到今天在很多人的意识里，孝是父母和子女之间的一种不平等关系，他们现在更推崇的是西方式把孩子当成朋友的平等的家庭关系。在大众传媒里不时爆出一些文化界名人跳出来批判孝道，这对孝道的现实性内涵形成了巨大的挑战。不可否认，传统孝文化里有一些的确不适应现代社会发展的内容，但是因此而不加分析地全盘否定传统孝道是一种文化虚无主义的态度。在一些学者看来，"非孝"思潮以个人主义的思想观念批判孝道，是要解构儒家所提倡的"关系本位""家庭本位"和"等级本位"，从而形成独立的自我意识。纵然这种解构有助于个体从无尽的关系义务和权力束缚中解脱出来，但是很多人也看到这一结果："容易使人把生活的责任和道德的义务统统都放弃，使人失去精神皈依与心灵慰藉。"①

因此，如何看待孝道里所谓的不平等问题是至今仍要思考并给予回答的问题。《周易》是儒家经典里形成较早的经典，对后世儒家乃至中华民族传统文化思想有深远的影响，起着根基性的作用。正如儒家伦理与西方现代性的自由、民主和科学等理念并不全然对抗一样，儒家思想资源里也不缺少平等思想，只是思维的路向有所不同。"儒家强调道德的自由，而非个性的自由；儒家强调保守的民主，而非激进的民主；儒家强调生存的科学，而非占有的科学。儒家的自由，可以促进道德的自由；儒家的民主，可以形成一种尊重群体性和集中制的民主；儒家的科学，是倡导一种中和、协调的'仁道'科学。"②同样地，从《周易》中能看到孝道的思想根基不是绝对的简单的平等，而是既有差等又有平等，因为孝道思想是无法取消其差等性本质的，而是差等和平等融合性统一，二者是最高价值"和"的体现。

第一节 《周易》中的差等

与"平等"相对的概念应该是不平等，在汉语里"差等"能准确表达这一含义，因为儒家明确表示"爱无差等，施由亲始"（《孟子·滕文公上》）。"差等"这一词语本身就包含着两层意思：一是"等级、区别"；二是"分成等级"。无疑，《周易》乃至儒家从表面上看是非常讲究等级差序的。

一 《周易》中差等的由来

《周易》中差等观来自《易传》里的宇宙论（《易传》即《周

---

① 叶飞：《现代性视域下的儒家教育》，北京师范大学出版社2011年版，第120页。
② 叶飞：《现代性视域下的儒家教育》，第49—50页。

易》十翼，包括《序卦》《系辞》等除了卦辞和爻辞之外的十篇文章，分散于各卦中）。《易传·系辞下》曰："天地氤氲，万物化醇，男女构精，万物化生。"《易传·序卦》中也有云："有天地然后有万物，有万物然后有男女，有男女然后有夫妇，有夫妇然后有父子，有父子然后有君臣，有君臣然后有上下，有上下然后礼仪有所错。"整个宇宙的化生过程是从最初的有天有地，到有男有女，到夫妻关系，再到父权、君臣以及各种复杂的社会关系。有天地之后虽然不能直接推出由天地而生男女，但表示了一个生成的顺序，也是整个社会结构形成的过程。由此可见，男女、夫妇关系是各种关系中最重要的一环，是人伦之始，也是各种关系的基础，其他各种关系都是在这种关系上展开的。百年来学界谈到《周易》中的思想多涉及不平等思想，基础乃由"天尊地卑，乾坤定矣；卑高以陈，贵贱位矣"（《易传·系辞上》）这一逻辑前提推演出来的。当然，也有人认为这一逻辑联系是有问题的，仅仅以表面的相似就当作"逻辑的关联"[1]。董仲舒根据"阴阳说"，太极生两仪，两仪即为阴阳，即为天地，在儒家伦理纲常的基础上进一步提出了"君为臣纲、父为子纲、夫为妻纲"的"三纲"说，这比《周易》中的男女通顺关系要求更强硬。《白虎通》则更进一步明确了"三纲"的含义及其在易学上的根据。

区分是认识的开始，定位是关系运动的逻辑起点。《易传》里尊卑高下的区分，是对世界秩序的界定和建构，"乾，阳物也；坤，阴物也。阴阳合德，刚柔有体，以体天地之撰"（《易传·系辞下》）。但这套乾坤、阴阳学说被认为体现的是统治者和被统治者之间的等级关系，男尊女卑，君高臣贱，人们应该认清楚自己的地位，服从统治与被统治的秩序。[2]

男女不平等主要在于社会分工和社会地位的不同，"女正位于内，

---

[1] 鲁洪生：《论商周文化对〈周易〉的影响》，《学术论坛》2011年第4期。
[2] 张红萍：《〈易经〉与儒家的男女观评析》，《社会科学论坛》2014年第11期。

男正位于外；男女正，天地之大义也。家人有严君（父母、丈夫），父母之谓也。父父、子子、兄兄、弟弟、夫夫、妇妇，而家道正，正家而天下定矣"（《周易·家人卦·象辞》）。《周易》中提出的这种男主外女主内的分工模式剥夺了女性参与社会生活的权利，甚至在家中也要听从男性，侍之如君，处于服从、被动的地位，扮演柔顺的角色。具体表现为：

（一）在婚恋过程中

既然女子的角色定位是柔顺，则家庭关系中通常要求男强女弱。若阴盛则阳衰，《姤》卦卦辞曰："女壮，勿用取女"，因为女壮则男弱，所以男人不可娶"女强人"为妻。程颐认为女渐壮会导致家道败落，也有解释为姤卦的卦象是一阴爻与五阳爻相遇，寓意一女遇五男的结果是不能长久相处。

（二）在婚姻生活中

根据雷风《恒》卦来看，男居上、女位下，男主外、女主内，卦辞曰"利有攸往"，其《象》解释为"刚上而柔下，雷风相与，巽而动，恒。天地之道，恒久而不已也。日月得天而能久照，四时变化而能久成，圣人久于其道而天下化成"，对这一家庭格局充分肯定和赞美。风雷《益》亦如此。最有代表性的是《家人》卦，卦象上是六二居内卦，是阴爻而居阴位，九五居外卦，是阳爻而居阳位，皆为当位而正。该卦《象》曰："《家人》，女正位乎内，男正位乎外。男女正，天地之大义也。"意为女子的正位在家庭之内，男子正位在家庭之外，而男女天经地义应该各从其正，结果是"六二，无攸遂，在中馈，贞吉"，"九五，王假有家，勿恤，吉"。女人主管家中饮食，可得幸福吉祥，男人明于保家，可致六亲和睦相亲相爱。六四爻曰："富家，大吉。"这样的家庭可以说是幸福之家了。可见，男女身份作用明确，彰显天地阴阳之理，故为"天地氤氲，万物化醇，男女构精，万物化生"。此为天地之大义也。

《周易》中很多情况要依据是否"中""正"来判断，六爻中的二爻、五爻为中，各自处于上下卦的中间。六爻中初爻、三爻、五爻是奇数，为阳位，二爻、四爻、上爻为偶数，处阴位。阳爻在阳位、阴爻在阴位就是当位，就是正，反之则不正。爻中的二多誉、四多惧、三多凶、五多功，原因只是"二与五"位居中位。二爻在爻位上是臣位，五爻在爻位上是君位。卦爻辞既尊阳卑阴又尚"中"，《周易》中的男尊女卑思想又进一步扩展到上下君臣关系，以至于这种差等思想几乎弥漫了从家庭生活到政治生活的角角落落。这在儒家的思想里多有反映，费孝通先生甚至认为中国传统社会的基本特征就是差等。

二 儒家的差等思想

儒家的差等思想总体上表现为内据仁、外依礼，二者在《周易》中多次显现，与儒家思想的展开有一定关联。

(一)"仁"与差等

《易传》以宇宙伦理的高度来看待"仁"，从而在三才论中将"仁"确立为源自天道的"人道"："立天之道，曰阴与阳；立地之道，曰柔与刚；立人之道，曰仁与义。"(《易传·说卦》)"仁"在春秋时期已流行开来，《国语·晋语》中说"爱亲之谓仁"，"仁"是根据血缘关系中的亲子之爱总结和概括出来的，后来孔孟继承和发展了这一思想，使其获得儒家思想本体论的重要性。孔子说："弟子入则孝，出则悌，谨而信，泛爱众而亲仁。"(《论语·阳货》)学生有子申明道："君子务本，本立而道生，孝悌也者，其为仁之本与！"(《论语·学而》)这种差等之爱讲究推恩，先从个体经验中对亲密关系的体察和学习开始，先爱自己宗法血缘关系上最近的人，然后把这种具体的爱逐步推广到其他人，最终达到"老吾老以及人之老，幼吾幼以及人之幼"(《孟子·梁惠王上》)，兼济天下所有的人。在《孟子·离娄上》中，孟子进一步将其推广为"人人敬其亲，长其长"便可至"天下平"。可见，从"亲亲"之爱"推己及人"，再"推己及物",由内到外,由远及近层层展开,直到"万物皆备于我",乃至"上下与天地同流",这样"仁者以天地万物为一体"。先秦儒家"仁"的逻辑路径是非常清晰的:爱分三等——"爱亲""泛爱众""爱天下",在很多人看来,这实际等于在提倡有差等地爱人,爱人要分亲疏远近,并不像西方基督教传统要求的那样平等地爱一切人。

(二)"礼"与差等

"礼"在《周易》中代表着行事的重要标准,"圣人有以见天下之动,而观其会通,以行其典礼,系辞焉以断其吉凶,是故谓之爻"(《易传·系辞上》)。意思是通过观察明白了卦爻中蕴藏的阴阳变化的道理,经过综合提升,领悟具体事物背后的普遍原理,并将其当作指导我们生活和行事的常规,然后配合礼的原则顺,从礼法去做就是吉,如果违背了这一做法就是凶。"仁"为"礼"之本,"礼"为"仁"之用,孔子曰:"人而不仁,如礼何?人而不仁,如乐何?"(《论语·八佾》)人要是不讲仁,礼和乐都等于是虚设。孟子也说过"仁之实"为"事亲",而"义之实"为"从兄",并且进一步提出"礼之实,节文斯二者而已"(《孟子·离娄章句上》),"礼"的实质就是在仁义这两方面不失礼节态度恭敬。根据荀子的说法,"礼"本来就是用来区别贵贱、亲疏、长幼的不同,"贵贱有等,则令行而不流。亲疏有分,则施行而不悖。长幼有序,则事业捷成而有所休"(《荀子·君子》)。用礼来确定社会关系以形成相对稳定的社会结构,就是要通过差等结构来保障社会秩序能够正常有序运作。就这样,儒家所提倡的"仁"由己及人层层推开,由最初的"爱亲"扩展到"爱天下",最后在"礼"的节制下最终形成了"和而不同"的以"差等"为结构模式的差序格局[1]。

由于儒家的差等思想相对于西方传统来说非常明显,所以"儒家

---

[1] 易小明:《中国传统社会文化差等——平等结构的特质及其消极影响》,《孔子研究》2007年第4期。

传统中的亲亲、尊尊和贤贤差等在近现代中国的变革大潮中被'妖魔化'了。这种'妖魔化'的根源是简单平等主义"[①]。简单平等主义，将人与人之间的关系用平等的单一标准来衡量，否认人与人之间的关系还有其他的可能性，视平等为解答人与人之间关系的唯一标准答案，认为平等可以解决人类社会中各种关系问题，不接受任何社会角色之间的不平等关系。在简单平等主义的影响下，"人人平等"具有无上的宰制力，凡是平等的就被认定是好的，应该拥护；凡是不平等的就被认为是不好的，应该反对。其实，"特别在像家庭这样的私人领域中，平等根本不可能成为一个有效的评价标准"[②]。由此可见，儒家的差等观不能被简单否定或者肯定，需要全面辩证地仔细考量。

第二节 《易经》中的平等

从伦理学的角度来看，我们恐怕很难简单地将"不平等"视为"恶"，将"绝对平等"视为"善"。王海明教授认为儒家的"爱有差等"是有程度上的差别的，是恒久为己、偶尔为人。[③] 如果单从现实中亲情远近不同来判断，《墨子·耕柱》中儒者巫马子对墨子说爱自己国家的人甚于爱邻国的人，爱自己的亲人甚于爱自己的宗族里的人，推到极端是不太符合孝道的"爱我身于吾亲"，这样就很难理解儒家主张"老吾老以及人之老，幼吾幼以及人之幼"的大同社会愿望了，甚至连"修身、齐家、治国、平天下"的儒家人生路径都很难解释得通。其实，儒家思想包括《周易》在内都有平等性内涵。

一 原始《易》的平等

《易》的发展变化经历了漫长的过程。从伏羲画八卦开始，《易》

[①] 曹成双：《何种差等是可以辩护的》，博士学位论文，清华大学，2015年。
[②] 曹成双：《何种差等是可以辩护的》，博士学位论文，清华大学，2015年。
[③] 王海明：《爱有差等：儒家的伟大发现》，《武陵学刊》2016年第3期。

是阴阳交互的图画。单从卦画而言，不存在所谓平等与不平等，一个短横代表阳爻，一个中间断开的短横代表阴爻。二者是相互依存相对出现的共同表达意思的符号，很难说二者之间有不平等性。但是，如何理解卦画却是后人加上去的，添加的是后人的思想。单就卦序的排列而言，《连山易》将艮卦放在最前边，《归藏易》将坤卦排在第一，而《周易》把乾卦置于首位，这并不表示地位和作用有高低贵贱的差异。在天、地、人三者的关系中，无论哪个《易》本都强调了人的重要性，因为人也是来自于自然的，属于自然的一部分，所以应该对天地保持尊敬。所以，男女、父子、君臣之间从自然生成的意义上讲并不存在不平等的关系。

天尊地卑，在《周易》里与观乎天文地理而成象的基本原则是相违背的，天不会因为居处高而奉为高贵，地不因居于天之下而卑贱。天施雨露，地养万物，各尽其职，缺一不可。但古人虽然有超越于九天之上的幻想，终究无法脱离大地的承载而生存，对于土地究竟有更深切的热爱，山川田园、稻麻黍米从地而有，而土地又是权力的象征，相互争夺土地开疆拓土在古代是常有之事。天高高在上，天具有雷霆万钧的威猛气势，代表了变幻不可捉摸的神秘力量，终究不过是一种抽象的存在和寄托幻想的空间，是自然规律，是信仰。

男女共同负担家庭，因生理区分，男性更适合从事外面的打猎、耕田、交际工作，女人因生理和生育的需要更适合留守家庭，从事适合女性的比较细腻的纺织、炊事、照料孩子。男女的分工不是人为制定的对女性的歧视，而是长期以来根据人的自然属性和生理特点长期自然选择的结果。即使在当代，主张男女平等的女权主义思潮发展到最后一个阶段也不得不承认所谓男女平等是在尊重性别差异前提下的平等。而在实际家庭生活中，也很难按照所谓绝对平等的原则处理日常生活事务，更需要的是男女双方互相合作共同承担。

当然，对《易经》先天平等性也可以从社会经济因素上来理解。由于母系氏族财产共有、财务平均，所以《易经》中表现为平等思想。到了父系氏族，由于剩余产品的出现，财产私有制的出现，开始有了财产的继承，有了婚姻关系，以及亲亲关系的确定导致了不平等关系占了主导地位。

从天人关系的信仰基础来看，中国古代虽然没有统一的神主宰人世的观念，但有在天意面前人人平等的思想。占卜如果在民间盛行，那就意味着人人通过占卜皆可与上天沟通，首领的神圣地位将会受到威胁，政令的权威性将受到质疑。所以，统治者将他们对政权的要求以及政治的理解带入对卦画的解释中。于是，《易传》对《易经》进行了改造，使《易经》由先天的平等变为先天的不平等。

总之，不管是从社会演进的自然基础、经济基础上还是信仰基础上来讲，《易经》最早并不存在不平等的观念。

二 平等与差等的融合

差等仅仅是儒家遵从自然现实所呈现的表层形式结构，深层结构为"仁"前平等、阴阳变化和天人合一。

（一）"仁"前平等

"仁"在儒家学说中是最重要的一个关键词，《易传》将其纳入天地人三才之道考量，"立天之道，曰阴与阳；立地之道，曰柔与刚；立人之道，曰仁与义"（《易传·说卦》），将"仁"确立为来源于天道的"人道"。[①] 仁者爱人，从个体的感受和需要来合理地对待他人，己欲立而立人，己欲达而达人，并且还进一步扩展到社会层面，从天道、人道而王道，呈现出鲜明的层级结构：第一是自爱，自爱的最好方式是通过修身使自己的灵魂得以安顿，使儒家的价值理念有实现的可能。第二是爱亲，"不爱其亲而爱他人者，谓之悖德；不敬其亲而敬他人者，谓之悖理"（《孝经·圣治章第九》）。个体的情感发散有远有近。第三是爱他人，"樊迟问仁，子曰：'爱人'"（《论语·颜

[①] 孙尚诚：《儒家差等之爱对现代平等社会的积极意义》，《孔子研究》2017 年第 3 期。

渊》），仁者爱人。四是通过参政爱天下人，当政者必当爱民。第五是爱万物，"亲亲而仁民，仁民而爱物"（《孟子·尽心章句上》），最终达到与天地万物为一体。"仁"是儒家差等之爱的逻辑起点，"相当于隐而不宣地确认了人性和人格尊严都具有平等性"①。

在儒家那里，真正的尊贵来自道德自我的不断完善和对道义的社会担当，并不是社会角色和社会地位。"邦有道，贫且贱焉，耻也；邦无道，富且贵焉，耻也。"（《论语·泰伯》）在性善论的前提下，人性是平等的，在孟子看来人人皆可以为尧舜，途径也很简单，只要说的做的跟尧舜一样就可以了，人人皆可向善"是不为也，非不能也"（《孟子·惠梁王上》）。孟子并没有否定现实中自然差异造成的不平等，"夫物之不齐，物之情也"（《孟子·滕文公上》），人生来有智愚、强弱、贫富之分，尊重这一事实，"人性平等也可以说是人际社会平等的人性根据"②，然后通过个人努力走向精神上的高贵是人人可以做到的。

（二）阴阳变化

"一阴一阳之谓道"（《系辞上》），《易经》名字本身就包含了阴阳之意，根据《说文解字》里的解释："日月为易，象阴阳也。""易"字上日下月，阴阳合为一体。《周易》六十四卦三百八十四爻阴阳符号各占一半，显示的全部数量、关系、性质并没有高低、贵贱之分，充分显示了阴阳相互对待的变化之道。为了方便说明道理，阳代表夫、父、君，阴代表妇、子、臣。乾取象男子之阳刚，坤取象女子之阴柔。乾道"用九"，坤道"用六"，阴阳可以互相转化。阴爻在卦中有时代表男性，阳爻有时反而指代女性。一切有阳刚特质的都可以取象乾，凡是具有贞正柔顺特质的都可以取象坤，乾坤不是作为生理意义上的男女之分。

---

① 孙尚诚：《儒家差等之爱对现代平等社会的积极意义》，《孔子研究》2017年第3期。
② 臧政：《论儒家伦理的差等与平等之统一》，《齐鲁学刊》2017年第1期。

本卦代表着事物的现状，而本卦中的老阴、老阳为变爻，变爻要发生相应的变化，即阴爻要变为阳爻，阳爻要变为阴爻。变卦确实代表着事物未来的发展方向。除了乾卦和坤卦，每一卦都是阴中有阳，阳中有阴，阴阳相互依存、对立互化。《周易》之妙在于阴爻阳爻相应相合，阴阳相互转化，变化无穷，所谓尊卑高下都是变化中的时与位，它也会随着变化而不断变化。

（三）天人合一

"天人合一"的说法最早是张载提出的，但最早出于《周易》。每卦六爻中，最上两爻代表"天"，最下两爻代表"地"，中间两爻代表"人"。《易传》更明确提出要遵照自然性，效法天道，建立人道。自然事物各有差别和而不同，人类社会亦然，所以，尊重个体差异性也是平等的体现。男女有别，女性从自然意义上讲要承担孕育孩子的使命，使得她们不可能与男性承担完全一样的社会职责。由于男女生理基础、心理基础不同，承担的家庭责任和社会责任稍有区别，认识并尊重这个先天差异才是真正尊重女性、理解女性的开始。所谓的"男女平等"不是说男人和女人在社会分工上的完全平等，这种错解忽视了人的自然差别，反而对女性具有一定的不平等性，真正的男女平等是在尊重性别差异前提下的平等。

《易经》里男女关系的本质遵从了作为一种天地之间的生物的自然属性，各归其位、各尽其分才是对个体最大的尊重和最妥善的安排，才是最大的平等。夫妇须各安其位，各尽其分，以此实现家庭合和，方为夫妇之道。女性并不是完全如波伏娃所讲是被社会造成的，男孩与女孩从出生开始在行为特征和兴趣爱好上就有所差异。在家庭生活中，一般来说男性阳刚善于决断，凡事能大而化之，女性温和细腻，更善于处理琐碎事务。乾卦最刚，代表了男性特征，坤卦最柔，集中了传统的女性美德。二者相呼应，恰好体现了阴阳和合的理念，同时也是古人对自然规律的深刻体认和全面把握。但是这种对人的自然属性的尊重有一个重要的特点：阴阳和合是在家庭内完成的，男女两性的差等也是在家族一元体内的差异，在宗法制的社会基础上和家国同构的政治组织形式下，家庭内的男女两性都围绕着家族利益而运转，始终维护着家族一元体的完整和延续[①]，男女双方都受家族的恩泽同时也受其制约。

三 最终价值目标是和谐

俗话说"家和万事兴"，正是体现了《周易》中阴阳和谐的思想，也可以说是中国人家道的最高原则。从本体论上讲，阴阳各居正位、各尽所能、各得其所、各有成就、和而不同就是和谐。孤阴不生，独阳不长，二者是在道的统一体中相互依存、相辅相成，只有在一些特殊情况下，阴阳才会作为矛盾对立双方而存在冲突，二者矛盾的解决依然是超越矛盾的。"只有在整体、和同、系统、全局和历史的角度上，才能懂得，阴阳二极同济协和的原理是整个文明的进程方式。"[②] 所以，《易传》作者概括为"乾道变化，各正性命。保合太和，乃利贞"（《易传·乾象》）。"保"谓恒常存养，"合"是说恒常中和。"太和"指天地氤氲之气，即阴阳会合之气。天地氤氲之气的变化需要"各正性命"，天地之道之所以能恒常而不停息就是因为能"保合太和"。"保合太和"就是说使太和之气永远常运不息，万物得之以生以成，保之以存，完满自足，无所欠缺。由此可见，《周易》既重视事物的差异性，又强调物质世界的和谐性。阴阳合和而万物生生不息，正所谓"天地和合，生之大经也"（《吕氏春秋》卷13《有始览》）。

具体到家庭中的阴阳和谐，则表现为男女关系的和谐，夫妇相互扶持，各尽其职，琴瑟和鸣，共建美好幸福家庭。同时为了保证家庭的"贞"和"固"，《易传》对家主也提出了相应的道德准则。《家

[①] 任现品：《家族一元体内的男尊女卑——论儒家性别差等结构的层次机制》，《孔子研究》2019年第2期。
[②] 龚培：《〈周易〉本体论中的和谐精神》，《湖北大学学报》（哲学社会科学版）2010年第2期。

人·象》提出君子治家必须有规有矩，严于律己。"君子以言有物，而行有恒"（《家人·象》），在言行上，治家的君子要慎言慎行、恒言恒行。九五爻曰："王假有家，勿恤，吉。"九五刚阳中且正，属"君"位，六二以柔正应之，是用美德感召家人以保有家之象，故"勿恤而吉"。此卦辞说明，作为一家之主应该具有君子的风范，"身范既端"才能"感格其家"（《古周易订诂》），并且还含有"正家天下定"之义。《象》曰："王假有家，交相爱也。"要把家庭治理好，不只是使家人顺从，还要跟家人推心置腹，要让他们心悦诚服，家人之间要相亲相爱。"家人"上九是阳爻，爻辞曰："上九，有孚，威如，终吉。"意思是居一家之上，只要心存诚信，并且治家威严，最终可以获得幸福吉祥。《象》曰："威如之吉，反身之谓也。"治家要以威严，但是家主首先要严格要求自己，以身作则，"克己复礼"，时时反省自己，严于律己，才能把家治理好，从而创造家庭幸福。

除此之外，从《家人》卦可以看出，《易传》里的男尊女卑不是说女人是男人的仆从，而是为了保证家庭关系的和谐，需要相互配合。因为在很多情境下，阳爻在卦中有时不是指男性而是指女性，阴爻同样也可以指男性，这更符合现代家庭实际，不管是男强女弱还是男弱女强，只要能和谐相处就能使家庭幸福，这也是对现代人家庭生活的启示。

由此可见，《周易》里的平等是在整体和谐里达到对集体里每一个个体最大价值的实现，从而实现另一个平等。自然基础不平等，人生而平等只是一个抽象的形而上学的概念，后天的"时""位"不同，人的社会价值和功能也各不相同，尊重人的自然属性和社会属性中的差别性实际上也是对人起码的尊重，在这样的前提下通过生命运动实现个体价值的最大化才是最大的平等。每个人都尽职尽分，在一个共同的集体里和而不同，"夫是谓之至平"[1]。正如有些学者所指出的，我们可以认为"差异性"是对现实的摹写，"差异性"正是实现真正"平等"的方法

---

[1] （清）王先谦：《荀子集解》，中华书局2012年版，第70页。

和路径,其最终的旨归则是"平等性"。所谓"差等",实质是一种包含差异的平等。① 儒家差等逻辑并没有破坏平等,反而为平等何以可能提供了一种合乎自然人性基础的哲学上的解释。肯定差等之爱"使社会获得更符合人性、也更加深远的道德基础"②。

第三节 《周易》与孝道

从《易传》里的天尊地卑、阳尊阴卑的说法演绎万物的等级性,并进而推导出社会关系的等级性:夫尊妇卑、父尊子卑、君尊臣卑等,尤其是《孝经》反映的孝道思想"实质就是家庭与社会秩序的尊卑等级"③。传统孝道的发展脱离不了具体时代的影响,为了适应封建统治的需要,刻意夸大并强化《周易》中家庭血亲关系的不平等,以此来为政治上的不平等提供理论支撑。即使如此,我们也能体察到《周易》被掩盖的平等性的一面,社会层面的不平等并不能完全代替理论根基上的平等性。如果我们从平等和差等互相融合的角度来看待和理解《周易》,那么《周易》里的思想就会与现代社会的男女平等、政治平等等思想衔接,就能有更大的进行时代创新的理论空间,在当代发挥更大的价值。

从平等与差等相互交融的视角来看,《周易》中的孝道并不是一个子听命于父的单向性付出规则,《周易》中的孝道慈孝并重,注重父辈和子辈的双向的责任和义务。

一 父母对子女慈严适度

中国人自古就非常重视家教,家教的得失关乎国家的命运,"家

---

① 臧政:《论儒家伦理的差等与平等之统一》,《齐鲁学刊》2017年第1期。
② 孙尚诚:《儒家差等之爱对现代平等社会的积极意义》,《孔子研究》2017年第3期。
③ 康学伟:《论〈孝经〉孝道思想的理论构建源于〈周易〉》,《社会科学战线》2010年第3期。

齐而后国治"，齐家是治国的前提。家庭中管理孩子父严母慈，符合阴阳之道。《序卦传》曰："伤于外者必返于家，故受之以家人。"《家人》卦的上九为阳爻，"上九，有孚威如，终吉"。这一爻象征着作为家庭中一家之主、作为"严君"之一的父亲，理应是最具威严的家庭成员。处在这个位置上心存诚信，治家威严，终获吉祥。作为一家之主，父亲是家庭中的最高管理者，"其身正，不令而行；其身不正，虽令不从"（《论语·子路》），想要管理好家庭就要起道德模范作用，只有以身作则、言行一致、正人先正己，才能在家中树立威信管理好家庭。所以《象》辞曰："男女正，天地之大义也"，家庭教育的核心以及家教成败的关键是提高父母的自身修身。

九三爻象征作为"严君"中的母亲，阳爻处于阳位，居下卦之上，与代表父亲的上九同为一家之主，居于全体家庭成员之上。母亲对待家庭成员都不疏忽怠慢，持家严明，慈中带严，使得"家人嗃嗃"，有可能因此家人心中有忧愁怨恨，但终究是正道，最终的结果还是吉祥的。家人当然应该积极配合，不应心存怨恨。家庭中的女人和孩子是主要的管理对象，如果"妇子嘻嘻，终吝"（《家人·九三》），过于放纵结果反而不好。治家过严，家人愁怨，但是所带来悔厉的负面影响终究要转化为吉。放纵家人，恣睢妄为，长久下去极可能导致家风不正闲邪滋生，败坏伦理，最后造成不良后果。所以《象》曰："家人嗃嗃，未失也；妇子嘻嘻，失家节也。"（《家人·象》）两相权衡，《周易正义》中也说："家与其渎，守过乎严。"《离》九四中不孝之子突然回来了，"突如其来如，焚如，死如，弃如"，对其惩罚是非常严厉的，或焚或杀或逐。从古到今严于治家，终究不是什么坏事。[①]

相对于从严治家，《周易》中关于父母对子女的慈爱方面要显得

---

① 鲁旭：《从〈家人〉卦看〈周易〉的正家之道》，《牡丹江大学学报》2011年第11期。

少一些，一般来说，人们出于天性总是容易不自觉地溺爱孩子，虽然都知道"惯子如杀子"，但是能做到用理性和智慧来进行严格教导却是不太容易。值得一提的是《中孚》九二："鹤鸣在阴，其子和之。"《象》对此的解释是："其子和之，中心愿也。"白鹤鸣于树荫，小鹤声声相应，它们的和鸣是出于中心的意愿，是真诚的一唱一和，和谐自然。这一爻辞用动物之间的亲情比拟父母与子女之间和谐幸福的天伦之乐。

总之，父母对子女的态度要有适当的度，做到"父母威而有慈，则子女畏而生孝矣"（《颜氏家训·教子第二》）。

二　子女对父母的孝道

子和父之间存在因年龄差而产生的时间差，父子关系不可能是平等的两个主体之间的交往。一切角色都是在变化中，子辈弱小无知时需要从父；长大后成人，有能力时从礼；父辈年老体弱时需要照顾，应给予他们尊重和赡养。一般来说，父母对子女付出甚多，而子女很难对等回报。人类也是一个由子而父生生不息的延续发展过程，基于这一前提下，差等是对关乎人类存续过程中的不平等关系的弥补，敬老、爱老是人对自身价值的尊重，也是维护人类长久的生存和发展的需要。《周易》中的孝道主要表现为以下几方面：

（一）宗嗣

《蒙》九二："纳妇吉，子克家。"纳妇生子以继承宗嗣，这正是孝的具体表现，后世有"不孝有三，无后为大"。"生生为易"，《周易》充分肯定赞扬天地生化万物的美德："天地感而万物化生"（《咸·象》），"天地之大德曰生"（《系辞传下》），这恐怕奠定了中国人重生育的观念基础。

（二）劝谏

"干蛊"一词意为匡正父过，见于《蛊》卦初六："干父之蛊，有考无咎。"子能如此，则父无咎。如果一味宽容父亲之过，"裕父之蛊"(《蛊》六四),不能及时匡正,后果则"往见吝",往后必有困难。"干父之蛊,用誉"(《蛊》六五),子匡父过,必受美誉。由此可见,《易经》作者不赞成唯命是从的"愚孝",主张当父母有过失时要及时劝谏。同样是劝谏父母的过失,对待母亲应该与父亲不同,"干母之蛊,不可贞"(《蛊》九二)。对母亲要婉言规劝,因势利导,这里注意到女性心理情感上比较敏感脆弱,如果操之过急直言相劝,就有可能会损害母子亲情。可见,"孝子用心,可谓良苦"[①]。

(三)祭祀

周人"追孝",有"尊祖""敬宗"的观念。《家人》九五曰:"王假有家,勿恤,吉。"据郭沫若的解释,这里的"王""职掌是管家政和祭祀的"[②]。因为"家"指家庙,是祭祀祖先的场所。"假",是格、到的意思。"有"意为于。意思是说,王到家庙中去祭祀祖先,因为祖先会给全家带来福祉,无须忧虑什么,这是吉利的。古人的观念中,家是由祖先留下来的,去世的祖先也仍为家庭的成员。《礼记·曾子问》曰:"祭成丧者必有尸。尸必以孙,孙幼则使人抱之。"古代常以死者之孙为"尸"象征其神灵,代其受祭,通过这种方式继续与家庭成员之间进行交流。后世的"尸"的替代品就是神主和画像,"由此所开启的尊祖敬宗、慎终追远的孝道却一直延续下来,并成为中国孝文化的源头"[③]。《萃》卦卦辞曰:"亨,王假有庙。"王者能聚集天下的道义,达到建立宗庙,便是达到了极致。《象》又进一步解释说:"王假有庙,致孝享也。"王到达宗庙进行享祀,目的是表达对祖先的孝心,用祭祀来汇聚天下人心。

"道"是古代士人追求的最高目标,"朝闻道,夕死可矣"(《论语·里仁》)。道分为三:天道、地道和人道,天人合一就是人道要合

[①] 吴培德:《〈易经〉中的伦理道德思想》,《曲靖师专学报》2000年第1期。
[②] 郭沫若:《中国古代社会研究》,人民出版社1954年版,第38页。
[③] 张崇琛:《从〈周易·家人〉看中国早期的家规与家风》,《职大学报》2014年第3期。

乎天地之道，"天之道，损有余以奉不足"（《道德经》77 章），相比之下，老子对人之道"损不足以奉有余"进行批判，指出这是不合理的。作为最高价值追求的人道并不能以牺牲一部分人来成全另一部分人，以牺牲子辈的幸福为代价的绝对的父辈权威是不合道的，不管是天道、地道和人道，所要达到的最高价值目标是平等与差等互融基础上的和谐，是在社会整体上每一个人的幸福得到最大的实现，这才是尽人之性，尽物之性，赞天地之化育，与天地同参。《易传·文言》曰："夫大人者，与天地合其德，与日月合其明，与四时合其序，与鬼神合其吉凶。先天而天弗违，后天而奉天时。天且弗违，而况于人乎？况于鬼神乎？"在天人合一的框架下"孝"上升到了"道"的层次，虽然在孝道的具体展开上有一定的历史局限性，但孝道之要，合于天地鬼神、日月四时，值得我们进一步深究。

第二章 《论语》中多重维度的"孝"

人的存在以多种方式在言说，人的行动必然与他对世界的认识发生关联。人建立与世界之间的联系有古希腊式的以自我为指向，有以古印度式的朝向超越的梵天，也有中国殷周时期注重现世的人与宗族的密切融合。从历史的角度来看，中国古代的封建社会由于直接从原始宗族部落发展而来，又由于受到农业文明需要聚居而生、团结合作的影响，人与人尤其是有血缘关系的宗族内部的联结变得更为重要。从另一个角度来看，与古希腊人的思考"本我"、古印度人思考"超我"不同，中国古人思考的是"自我"，即从"我"出发如何处理"我"与"他者"之间的关系。此处的"我"既注重个体心性品德的养成，又注重与其他跟"我"一样重要的"他者"如何在天、地、人的大系统中相互联系。

中国古代的孝道是"自我"与世界建立关联的重要手段，同时也是重要的意义所在，可以说是从"我"通向外部世界的最关键的连接点。孝道不仅是完善自我的方式，也是成就他人的途径，更是贡献社会的出发点。孝道通过子辈的努力，成为"仁"的重要体现，彰显父辈的德行和美好传统，用在家庭中养成的优良行为习惯和心态去处理家庭之外的公共事务也同样竭尽全力，家庭和社会都被试图纳入相互连接代代相传的良性循环中。

由于西方的历史观是单一的线性历史观，指向未来向前看的视角必然成为人思维的起点，相应地，对于家庭伦理也是偏重于子代的成就。而中国的历史观未必就是单向的，至少在《周易》的影响下，阴阳和合的观念，使人在考虑生的时候也同时考虑了死。同时中国古人也有主张历史是倒退的，比如老子、庄子，他们一般是在道德批判的立场上，对当下道德提出批判，寄托改善的希望。基于这样一种思维模式，中国的传统孝道在孔子那里得到了全方位的体现，既有生前的存在于时间上的孝，也有死后绵延于空间里的孝，还有超越时空限制扩展开来的孝。本书试图从人的生命存在意义上来透视孔子所继承、发展和创新后的孝道在空间、时间和超时空意义等多维度中的展开。

第一节 时间维度上的孝

生命的真相如果真的是被抛入世和向死而生，不情愿地来，孤零零地去，生命自然孤独而没有温度，生命的状态当然是孤立的原子，彼此之间没有联结，生命过程只剩下徒手空拳的搏斗。中国古人将生命视为一条长河，生生大德永无止境，"积善之家，必有余庆"（《易传·文言传·坤文言》），每个人的血液里都流淌着祖先的恩泽，因此要通过孝敬、祭祀等感恩和缅怀的形式顽强抗争时间流逝中个体与个体之间的断裂，并通过个人的修为继续传承给子孙福德。

一 时间之短暂与生命之永恒

时间在总体上是个漫长的存在，对于个体却是极为短暂的一瞬，"人生天地之间，若白驹之过隙，忽然而已"（《庄子·知北游》），庄子以骏马穿过狭窄的通道瞬间而过来比喻人生的短暂，孔子面对滚滚而去的河水也同样感到了生命的紧促，发出了"逝者如斯夫，不舍昼夜"（《论语·子罕》）的感叹。不管是建立了丰功伟业的君子还是平凡普通的小人，无一例外要随着时间的流逝而形体消亡，死亡是最公平的存在。人类超越死亡的方式有很多种，现实世界不能得到的永生可以在另一个彼岸世界得到实现，现实中的缺乏也可以在另一个世界里得到补偿，这是宗教应对死亡的方式，也是最普遍的一种方式，以至于西方人无法理解中国古人没有严格意义上的宗教存在。中国古人很早就从对神灵的盲从迷信中摆脱出来，这一点从天人关系中能得到充分的说明，天意并不是不可把握的神秘存在，而是由人的德行所主导的公平和正义的体现，德行是真正的信仰。所以，孔子对待鬼神信仰的态度是"敬而远之"，既不否定鬼神存在，也不盲目崇拜，这是信仰上的中庸，也是人的理性的体现。孔子更看重的是自然生命本身，指出犯了错误向鬼神祷告是没有用的，"获罪于天，无所祷也"（《论语·八佾》），意在激起人的自我担当精神。即使在孔子病重时，处于生命最脆弱的阶段，他也没有将生存的希望寄托于神灵，对替他祈祷的学生说："有诸？"（《论语·述而》）从而否定了祈祷的意义。由此可见，孔子对待短暂生命的态度是现世的、理性的、积极有为的，而非将自己向外交付式的宗教信仰。

中国古人还开出一种实现生命不朽的途径：立功、立德、立言，通过被社会认可的精神价值获得永恒的存在，然而这对于大多数人来说很难实现。还有一种获得不朽的方式就是艺术，在艺术空间里可以获得一种类似宗教般的另一种存在感。但是无论是宗教的还是艺术的方式都是要有一个外在的替代方式，孔子寻求的安身立命之本是直接从人自身开掘出来的"仁"，"孝悌也者，其为仁之本与"（《论语·学而》），即从与父母之间的生命连接中获得的"心安"中走向永恒。

中国有一个习俗，父母死后要守丧三年，为什么要守孝三年呢？一个孩子生出来要经过三年才能离开父母的怀抱，俗话说"三冬三夏，才摸出个娃娃"，这三年时间内需要父母日夜不停地细心呵护和照顾，所以三年之丧是天下通丧（实际上只有27个月）。这在古代是非常重要的一个规矩，即使官员一般情况下也不能违背，无论官做多大，遇到父母之丧，是谓"丁忧"，如果不马上请假还乡，监察御史就马上提出弹劾，甚至会严重到永远不再起用。遇到特殊情况，除非得到皇帝的允许，才可以让他移孝作忠而不还乡，是谓"夺情"。但是孔子有个聪明的学生宰我对此提出了质疑，他说一年时间就够了，理由是"父母死后，子女要守三年孝，时间太长了。君子三年不习礼仪，礼仪一定会废弃；三年不演习音乐，音乐一定会被忘记。守孝一年也就可以了"。听起来很有道理也很符合逻辑，孔子就问他："你心安吗？"宰我说："心安。"孔子说："你心安，那就去做吧。君子守孝时，吃美味的东西也不香甜，听音乐也不快乐，住家里也不觉舒服，所以不那么做。如今你心安，就去那么做吧！"宰我退了出来，孔子骂了他一通。"予之不仁也！子生三年，然后免于父母之怀。夫三年之丧，天下之通丧也。予也有三年之爱于其父母乎？"（《论语·阳货》）即使是符合逻辑的道理，如果不能让人心安理得，就很难说符合"仁"的标准，因为"仁"即人心。

人的存在并非单纯的物质性实体，肉体可以灭亡，精神却能不朽。通过后世子孙的自然生命的传递和祭祀缅怀，人的生命就永远"依寓""逗留""居住"在这个世界上，这种延展是摆脱生命短暂的痛苦的有效方式，实现了现世在某种程度上就达到永恒的要求。

二　物质上供养与精神上体贴

"仁"成了众德之本，做一个有仁德的人具有压倒一切的重要性，孝道教育和德性教育也超越了知识教育的重要性，家庭中的孝道教育是磨炼心性通向"成仁"的重要途径，所以，孔子说："弟子，入则孝，出则悌，谨而信，泛爱众，而亲仁。行有余力，则以学文。"（《论语·学而》）一个人在家孝敬父母，尊敬兄长，做事的时候谨慎而讲究诚信，博爱众生，亲近有仁德的人。这些说法都是讲的做人，做人做好了如果还有精力的话，可以来学习科学文化知识。一个人如果做人没有学好，学历很高，社会地位很高，那么他对社会有可能造成的危害就更大。相反，如果一个人没有很多的科学文化知识，但是他是一个好人，他至少对社会不会有太大的危害。所以，《弟子规》上说"不力行，但学文，长浮华，成何人"，孝道在教育中的地位举足轻重，没有什么比养成至诚友善的心灵更加重要。

在中国古代有句古话叫作"百善孝为先"，那么究竟该怎么做才算是"孝"呢？甲骨文"孝"字是一个老人，下面是个子。从字形上看，好像这个孩子是老人的拐杖，扶着老人行走。许慎在《说文解字》中是这样解释孝的本义："孝，善事父母者"，就是善于侍奉父母。怎么做才算是善于侍奉父母呢？许慎没有说清楚，但是在《论语》里孔子却说得很清楚。

（一）养亲

对于同一个问题，孔子对不同的学生因材施教，给出的答案总是不一样，对于孝也是这样。子游问孝，孔子说："今之孝者，是谓能养。至于犬马，皆能有养；不敬，何以别乎？"（《论语·为政》）这句话里"至于犬马，皆能有养"，能养的主体和对象可以有三种：人养犬马、犬马养人、犬马反哺。[①] 自唐开始谦称孝亲为"犬马之养"是谓第二种，到宋更强调了"顺"的一面。当今，很多人认为孝就是第一种，将养年迈父母视为养牲口，能养活父母就行了。其实现在我们社会上已经有很多人不赡养父母，尤其是农村。很多农村60岁以上的老人每人每月只有55元养老金，虽然执行标准有所不同，但总的说来数量之少对维系老人日常开支意义不大。因此，一旦乡村老人失去劳动能力，其生活与生命质量就完全依赖于子女的孝心。子女倘若没有孝心，乡村老人就很难有活路可言，也导致农村老人的自杀率非常高。虽然朱熹在《四书集注》里将"至于犬马，皆能有养"解释为子女对待养父母像对待养牲口一样，遭到了时人的批评，被人诟病为人不可与动物等同作比，但是，一旦孝道观念沦落，金钱至上的观念占了上风，有些人就宁愿养牲口也不愿养老人，因为养牲口可以挣钱而养老人只能赔钱。现今，打骂老人的现象屡见不鲜。汉代法律规

[①] 张子峻：《论古今视阈转换下孝观念的敬顺之变——以〈论语〉"子游问孝"章的诠释史为例》，《理论月刊》2019年第2期。

定，殴打父母处死刑，明代法律减轻了很多，还是规定要施以刑罚。中国古代社会对不孝犯罪的惩办是非常严厉的，但现今法律能约束的范围是很有限的，道德说教力量又很薄弱，因此即使是孝养也很难得到全面落实。

（二）敬亲

如果将"至于犬马，皆能有养"的意思解释为第三种：至于犬马皆能有反哺之举，就连动物都能做到这一点。不敬，何以别乎？如果你不尊敬父母跟动物有什么区别呢？很多人认为只要给父母一点钱就已经尽到赡养的义务了，但是在孔子看来这远远不够，不仅要从物质上赡养，还要从精神上赡养，所以提出了敬亲的重要性。

再看子夏问孝，子曰："色难。有事，弟子服其劳；有酒食，先生馔，曾是以为孝乎？"（《论语·为政》）后半句是说家里有事年轻人去跑跑腿，有好吃的给父母送一点，其实能做到这一点在一般人心目中已经算是一个孝子了，"曾是以为孝乎？"这是一个反疑问句表示否定，这不是孝。再看前边"色难"，这个色应该翻译成脸色，脸色难看，为什么脸色难看呢？因为心甘情愿的时候脸色肯定好看，比如说要去给女朋友送花了，那脸上笑得也肯定像朵花似的。色，代表的是内心的真实感情和态度。这里可以指子辈为长辈服务时内心的态度，也可以指子辈需要细心观察长辈的脸色，以此得知他们内心的真实想法，所以另外一种翻译就是把最后一句看成感叹句，即注意脸色，手脚勤快，伺候好吃喝，这就是孝啊！

关于脸色《荀子·子道》有一个典故：子路问孔子说有一个人非常辛苦地工作，挣钱养活父母，却没有人说他是个孝子，这是为什么啊？孔子的回答入木三分："意者不敬与？辞不逊与？色不顺与？"这人态度怎么样呢？孔子为什么会问这三个问题？《礼记》中是这样解释的："孝子之有深爱者必有和气，有和气者必有愉色，有愉色者必有婉容。"（《礼记·祭义》）脸色好看就是发自内心而行之于外的爱戴尊敬。

笔者曾访谈过多个老太太，她们见媳妇回来拉着个脸，心里就不高兴。也许媳妇是下班后太累了，也许不是针对她，但是老人上了年纪以后唯恐自己成为别人的负担后受人嫌弃，看到子女脸色不好看心理上就觉得不好受，这一点作为年轻人一定要懂得，在老人面前要经常保持和颜悦色。

由此可见，尊敬父母才是作为人的本质的体现。关于尊敬这里有三种情况：亲强于子，当然值得子辈尊敬；倘若亲与子不相上下，要懂得彼此尊重；亲低于子，尊敬能使人的善张扬，感化双亲。后两种情况的尊重更加难得，尤其对于现代知识更新迅速的情况下，年轻一代似乎在社会生活中有着绝对优势，尊敬老人有着更为重要的意义，很多人视"代沟"理所当然，但没有给予老人足够的尊敬，没有处理好与老人的情感沟通。俗话说"老人糊涂如塌天"，但从人性深处来讲，每个人都希望得到别人的肯定和夸奖，倘若老人能够因为子辈的尊敬反省自新，碍于面子至少不能为老不尊，不会有悖于良心道德去做一些碰瓷讹诈之类的事情。尊敬老人有着非常重要的社会学意义，一方面是对人辛苦一生的回报，另一方面是使老人在获得社会尊重和认可的同时安顿好自己的内心，有利于社会稳定和谐。

（三）隐亲之恶

从精神上关怀体贴父母，还包括敬亲的另一层面，隐亲之恶。典型的是这一句："叶公语孔子曰：'吾党有直躬者，其父攘羊，其子证之。'孔子曰：'吾党之直者异于是：父为子隐，子为父隐——直在其中矣。'"（《论语·子路》）从道理上讲父亲偷了别人的羊，他的儿子把他告发了，表面上看罪恶得到了应有的惩罚，正义得到了伸张。但奇怪的是孔子说我们那儿的正直和你们这儿不一样，"父为子隐子为父隐"，父子相互包庇，孔子对这种做法的评价是"直在其中矣"，这也是正直。到底是叶公说的那个人正直还是孔子说的那个人正直呢？很多人都认为是叶公说的那个人更正直，因为每个人都有检举揭发的义务和责任，不能徇情枉法，相互包庇，甚至认为中国情大于法的根源就在这里,因为后来的封建社会法律是允许亲亲相隐的,就是根据孔子的说法,孔子要对此负责任。那么孔子这里的说法到底有没有问题呢?

请各位假设你的父亲犯了罪,只有你知道,你告不告?告发,他是你的亲生父亲,父子情深。可是如果你不告发,如果法律规定每个公民都有检举揭发的责任和义务,那怎么办?如果你告了你情感上受不了,如果你不告法律不允许。这就是人生的二难冲突,无论你怎么做都是错!孟德斯鸠在《论法的精神》里边有一句话:"妻子怎能告发她的丈夫呢?儿子怎能告发他的父亲呢?为了要对一种罪恶的行为进行报复,法律竟规定出一种更为罪恶的法律……为了保存风纪,反而破坏人性,而人性正是风纪的泉源。"[①] 我们为什么要制定法律呢?难道制定法律是为了惩罚而惩罚吗?制定法律其实就是为了惩恶扬善、保护人性中善的美好的东西。在孟德斯鸠那个时代"亲亲相隐"是要受到惩罚的,当代西方已经认识到了这种法律的谬误,重新立法保障了"亲亲相隐"的权利,殊不知,中国人早在两千多年前认识上就已经达到了这个高度。我国在最新的刑事诉讼法中,规定不得强迫近亲属彼此证明犯罪。

这个极端的例子说明了一个问题:亲亲相隐出于人类的真性情、真感情,在人类的所有感情中有哪一种能比父母和子女之间的感情更深刻、更持久、更纯粹?而真性情和真感情可以说是一切道德的根源。真正的发自内心的孝就必须以自然的血缘真情为基础。孔子非常强调这一点,他说:"孝悌也者,其为仁之本与?"(《论语·学而》)孝敬父母、尊敬兄长是"仁"的根本。孟子说,"仁,人心也"(《孟子·告子上》)。仁,就是人心,一个人连孝悌都做不到,何以为人?

(四)安亲

既包括让父母身安,又包括让父母心安。具体到孝敬父母上,

[①] [法]孟德斯鸠:《论法的精神》(下册),张雁深译,商务印书馆1963年版,第176页。

"父母之年，不可不知也。一则以喜，一则以惧"（《论语·里仁》）。一方面我们要随着父母年龄的增长为他们的高寿感到高兴，另一方面还要有所担心，担心身体器官的衰老，会不会有什么意外等，照顾他们就像当初他们照顾幼小的我们一样，要体贴入微。1岁孩子把屎尿拉裤子里是常事，往往被原谅，而80岁老人通常会被责备。孩子从懵懂逐步成长到懂事，老人的体力和智力却在不断退化。他们的"痴呆"只是回归孩子的状态，这就是生命的轮回，这是上天给子女回报父母的机会，我们应该珍惜。

孟武伯问孝时，孔子也有类似的回答兼具身安和心安之意："父母唯其疾之忧。"（《论语·为政》）这里有两种解释：一种是说照顾父母就像他们照顾你生病时一样。另一种是说只让父母担心你的疾病。为什么只让父母担心你的疾病呢？因为人是吃五谷杂粮的，不可能不生病，这是无法避免的，但是除了疾病以外的，其他的像你的工作、生活、学习、爱情、婚姻、家庭这些都是自己应该尽力处理好的，不能让父母担心。对于暂时无法从经济上赡养父母的人来说，至少可以不做让父母担心的事情，做一个让父母放心的人，这也恐怕是很多父母的心愿。这也是孝。

还有一句涉及心安的话是备受攻击的："父母在，不远游，游必有方。"（《论语·里仁》）有人认为这句话不合时宜，都什么年代了，"父母在，不远游"这样说我们都不应该去上学工作了？实际上这些人往往只看到了前半句忘记了后半句，"游必有方"，"方"是方向，就是一定要让他知道你在哪儿，让他放心。还有一种解释是说远行可以，但是一定要把父母安顿好再出去，这样可以让自己放心。为什么说"父母在，不远游"？因为儿行千里母担忧。当然，这不是让我们都退学或辞职回家陪伴父母，只是要我们明白做一个让父母心安的人，孝敬父母不能等，该行孝时就行孝，能做多少做多少。常回家看看，多陪陪父母，尤其是在父母丧失独立生活能力的时候不能把他们扔在一边不管。

（五）谏亲

是人都会犯错，父母犯错后当然要劝谏，需要特别处理好谏亲、顺亲和不怨的问题。孔子并不提倡愚孝，后世把孝道推向了极端，有句话叫"天下没有不是的父母"，要错都是儿女的错，不可能是父母的错，这恐怕不符合孔子的思想。因为在《论语·里仁》里孔子说："事父母几谏，见志不从，又敬不违，劳而无怨。"要是父母犯错了当然不是唯命是从，要劝。要是劝了父母听不进去怎么办？也要对他保持尊敬，不能有怨恨。后来朱熹说"谏若不入，起敬起孝，悦则复谏"[①]，等他高兴再去劝就容易听进去了，这是个策略问题。如果劝了父母还是听不进去怎么办？那很简单，就和父母一起承担他的过失。想想我们从小到大闯祸时，哪一次不是父母为我们担当的？至少我们应该对父母的过错多一些宽容，少一些抱怨。

当然，这里也有顺亲的智慧。人上了年纪以后特别容易固执，就算你道理再对，即使你说了几千遍他也不会听。所以在这种情况下怎么办呢？凡事无妨大碍，就顺着老人，免得双方相持不下伤心动气。另外，如果你在老人面前表现得比较顺从，老人自然心气也比较顺，反而更容易顺着你的意思来。需要注意的是，"顺"是后世阐释不断强化的结果，除了孟懿子问孝，孔子回答只两个字"无违"外，《论语》里没有强调"顺"，到底不要违背父母什么呢？孔子没有说，因为孟懿子是鲁国的执政大夫，他的父亲好礼，孔子希望他不要违背先父的教导，善体父命，卒成父志。关于孝道后世有一句话概括得比较全面：养父母之身、养父母之心、养父母之志。

从这里的分析我们可以看出，孔子对"孝"的要求其实很高，已经由外在的社会规范转向了人内在的心理追求，我们从小就被教育说要孝敬父母，这是外在的社会规范，但是孔子更强调的是要发自内心，真心实意，真情实感，他更强调的是道德主体的自觉意识和能动

[①] （宋）朱熹：《四书章句集注》，中华书局2011年版，第72页。

作用。孝道不仅仅是人子需要处理好的"我"与"我"之间的关系，甚至被当成了个体毕生需要悉心经营好的事业，其重要性超越了个体的欲望和成就感，直指当下生活的全部内容。子辈的生活内容与父辈的内容有如此密切的勾连时，孝成了时时刻刻萦绕心头的信念和力量，如同上帝般无时不在指引着人的生活。

第二节　空间维度上的孝

在生死问题上，孔子不愿意过多关注死后的问题，而注重现世生命历程的价值实现，所以子路问死的问题时，孔子就采取了悬置的态度："未能事人，焉能事鬼？""未知生，焉知死？"（《论语·先进》）强调知生之道则知死之道，活在当下，敬人修己。但是对于孝道的看法却不一样，孔子认为"孝"不仅应该贯穿在父母生前，还应该延伸到他们去世后，事死者如事生，生前和死后具有同等重要的地位。曾子将这一思想的出发点解释为"慎终追远，民德归厚矣"（《论语·学而》），这句话后人有多重解释，杨伯峻解释为："谨慎地对待父母的死亡，追念久远的祖先，自然会导致老百姓日趋忠厚老实了。"[①] 与朱熹的解释相去不远。朱子将"慎终"解释为"丧尽其礼"，将"追远"解释为"祭尽其诚"，若能做到不忽终不忘远，已德归厚，下民化之，其德亦归于厚。[②] 但从人的存在意义上讲，丧祭之礼是生者与死者处于不同空间的相互联系，通过这种形式突破了时间和空间对人的限制，拉长了人存在的时间和空间。

一　死亡是另一个存在空间
（一）生死事大

人生两大事，一个是生，一个是死，但在《孟子·离娄下》中孟

[①] 杨伯峻：《论语译注》，中华书局1958年版，第6页。
[②] （宋）朱熹：《四书章句集注》，中华书局2011年版，第52页。

子却认为："养生者不足以当大事，惟送死可以当大事。"《礼记·乐记》也中有："是故先王有大事，必有礼以哀之。"重大的事情指丧事，为何丧事这样重要？朱子在《四书章句集注》中认为事生固当爱敬，是谓人道之常；至于送死，则是人道之大变。"孝子之事亲，舍是无以用其力矣。"① 因为事生亲人是有反馈的，但是事死亲人是没有反馈的，所以只能"无以用其力"，只能竭尽全力毕诚毕信，以免日后后悔。

对于送死，生者面对的是一个未知的世界，因为未知所以恐惧害怕，一般人很难做到从容自在。人人都避免不了面对生死，只要有生就免不了有死。人人都在向死而生，因为死亡是早晚无法逃避的事。只是亲人的死亡尤其能引起同体大悲的哀伤，是一时难以抚平的剧痛。

（二）灵魂不灭

当人类还没有从自然分化出来的时候，人类自然也没有丧葬的礼俗。但中国古代早在原始社会就产生了灵魂不死的观念，于是就产生了丧葬的习惯，早在母系氏族社会时期就有了对祖先的崇拜。半坡遗址中死人的头都朝向西方，表示死后灵魂"归西"之意。到了夏商周时，葬礼逐渐走向了程序化、系统化。《礼记·礼运》中云："以养生送死，以事鬼神上帝。"这说明古人信仰死后有灵魂，灵魂是另一种空间里的存在。《周易》中是这样解释生死现象的："原始反终，故知死生之说。精气为物，游魂为变，故知鬼神之情状。"（《系辞上》）生乃气之聚散，气聚而生，气散而亡，精气聚合而有物形，游魂乃气散，会导致物形的变化。乘气而生为人，反气而归太虚为鬼神。程树德《论语集释》引用了康有为关于子路问鬼神的注："原始反终，通乎昼夜，言轮回也。死于此者，复生于彼。人死为鬼，复生为人，皆轮回为之。若能知生所自来，即知死所归去。若能尽人事，即能尽鬼事。"② 认为孔子之道易理至详，无不有死生鬼神。

---

① （宋）朱熹：《四书章句集注》，中华书局2011年版，第273页。
② 程树德：《论语集释》，中华书局2013年版，第879页。

二 礼为孝创设了情绪空间

葬礼和祭礼为生者情绪表达创造一个空间，在充分释放悲哀之情的同时感念生养之恩，在仪式感中充分表达孝道。

（一）悲哀之情：感念亲恩

林放问什么是"礼"？孔子说："大哉问！礼，与其奢也，宁俭；丧，与其易也，宁戚。"（《论语·八佾》）我们知道孔子是非常注重"礼"的一个人，但是在这里他说礼节与其铺张浪费不如朴素简约，丧礼与其办得仪式隆重不如发自内心真正去哀悼，所以，孔子关于礼更看重的是内容而不是形式，是真情实感而不是做给别人看。所以孔子本人面临失子之痛和颜回去世的打击时，他丝毫不掩饰内心的剧烈悲痛，高呼："噫！天丧予！天丧予！"（《论语·先进》），但对学生们厚葬爱徒的美意并不领情，认为应该按照他的身份来安葬颜回，不应该僭越礼制。孔子对那些临丧不哀的人表示很大的愤慨："临丧不哀，吾何以观之哉？"（《论语·八佾》）处理丧事时要恭敬严肃，尽礼尽哀，"丧事不敢不勉"（《论语·子罕》），居丧时要悲痛哀伤"祭思敬，丧思哀"（《论语·子张》），祭祀时要虔诚与恭敬"祭如在，祭神如神在"（《论语·八佾》），这种情绪的充分释放，正是表达了对逝去的亲人和祖先的敬重之意。

丧事之大，非直接相关人的情绪都会相互感染。连孔子参加葬礼，食于有丧者之侧都能感到其隐在的情绪而有所避让，"食于有丧者之侧，未尝饱也"（《论语·述而》）。孔子在有丧者之侧旁边吃饭，内心沉痛，食之无味，不忍下咽，故未尝饱也。参加完吊唁活动，"于是日哭，则不歌"（《论语·述而》），在这一日，他之所以只哭泣而不唱歌，是因为他沉浸在对逝者的怀念以及对生命消逝的悲伤之中，久久不能释怀。孔子参加葬礼，不穿平时的正式服装，"羔裘玄冠不以吊"（《论语·乡党》）。遇到穿着孝服的熟人会改变姿态表示同情，"见齐衰者，虽狎必变"（《论语·乡党》）。不相识的穿着丧服的人,"虽少","过之必趋"(《论语·子罕》)。乘车途中遇到拿了送死人衣物的人,手扶着车前的横木,身体微微向前倾斜,"凶服者式之"(《论语·乡党》),通过这样肃穆庄重的方式表示自己对有丧者的同情和对逝者的哀悼。孔子的亲身躬行无疑为千百年来人们对于丧葬的态度树立了绝好的榜样。

(二) 仪式感

仪式感让人能真切感到人存在的价值和意义,使存在的意义彰显出来,在平淡庸俗的生活中明晰而突出。仪式感总让在某个特殊场合某种隐在的情绪在相互感染中得到集中而强烈的扩大性释放。

中国传统的礼与仪式感有着非常密切的关系,通常是通过一定的人们共同认可的仪式来完成的。礼也者,理也,礼不仅是行为的依据,还是德之则也,赋予反复折叠和展开的空间行为有了超越时间超越其存在本身的"意义"。孝道最早是从祭祀祖先的活动中产生的,祭礼本身就有孝道的教化作用,"祭者,所以追养继孝也"(《礼记·祭统》),同时也是出于人的自然感情,传统的丧礼相对于日常礼仪来说是隆重盛大的,如同按照某种规则"演戏"却庄重投入,没有人能出乎其外,丧礼不仅是生者与死者的告别仪式,更是孝道得以有力的表达的场景。通过行丧祭之礼,在仪式感中感受追忆作为生之本的祖先,思念与崇敬之情油然而生,即为孝心。

孔子就是将这种临丧而哀的自然本心转化为作为行为规范的礼,然后再通过人内心的自觉,形成主动的道德行为,从而提升人心向善的能力,最后使孝之情感与孝之行为合二为一,自然而然。只尽力养父母而无礼之敬,致敬而非出自真心,都不是真正的孝,真正的孝就是要把内心的爱表现为态度和行为上的敬,依靠礼的规定性在仪式感中使情绪得到释放和相互感染。所以孟懿子问孝,孔子回答"无违"。具体来说就是:"生,事之以礼;死,葬之以礼,祭之以礼。"(《论语·为政》)生前守礼,以礼侍亲,能保证孝道能落到实处,有实实在在的孝敬父母的行为。但礼也不是一成不变的程式,比如关于三年之丧的争论，孔子那个时代已颇受质疑，在当今这个时代更是行不通，但是简化到三天之丧在情理上就不是很合时宜。礼的内容可以随着时代的发展变化而变化，但是无论如何变化应该以"仁"为核心，合乎人心事理才是硬道理。

三　养父母之志提升存在意义

传统孝道强调与祖先的精神传承，一是出于父母和子女之间的真情，二是孝道最早来自于祭祀祖先的活动，三是保留作为经验的家族传统和风尚。发扬祖先的优良传统和作风是《尚书》中反反复复强调的内容，比如夏朝兴起的原因是"方懋厥德，罔有天灾"，而夏桀等子孙"弗率"，则"皇天降灾"（《尚书·伊训第四》）导致灭亡，商灭夏，周代商的原因亦然。《尚书·大诰》反复强调了要子承父志："若考作室，既厎法，厥子乃弗肯堂，矧肯构？厥父菑，厥子乃弗肯播，矧肯获？厥考翼，其肯曰：'予有后，弗弃基？'"这样一来祖先的德行成为后世子孙学习和效仿的榜样，对后世子孙有着有形无形中约束的力量，不能让他们偏离正道，并且后世子孙有责任力争保留祖先的基业并将祖先的美德发扬光大，于是孝道"赋予我们连续感、奉献性和归属感，以及深度情感值得激发的宗教意义"[1]。

孔子将子辈对于父辈的责任和义务浓缩成了一句话："父在，观其志；父没，观其行；三年无改于父之道，可谓孝矣。"（《论语·学而》）朱熹在《四书章句集注》中的解释是：父亲在的时候，为子的不可以擅自做主，而可以知道他的志向，父亲没有了，才能看到他怎么做。以此就可以知道这个人的善恶，"然又必能三年无改于父之道，乃见其孝，不然，则所行虽善，亦不得为孝矣。"[2] 这里的解释语义不

---

[1] 安乐哲、罗思文：《〈论语〉的"孝"：儒家角色伦理与代际传递之动力》，《华中师范大学学报》（人文社会科学版）2013年第5期。

[2] （宋）朱熹：《四书章句集注》，中华书局2011年版，第53页。

是非常确切,似乎更强调"三年无改于父之道"这种做法对于孝来说非常重要。有这种解释也不足为怪,"三年"指三年之丧,高宗亮阴,"乃或三年不言"(《尚书·无逸》)。但如果仅仅从形式上要求三年无改就走向了刻板和极端,难怪后来鲁迅会对此作出批评。鲁迅说谁都喜欢子女比自己更聪明、更健康、更幸福,能够超越自己。如果要超越就必须有改变,如果坚守"三年无改于父之道可谓孝矣"就是"曲说,是退婴的病根"①。

自古注家对"三年无改于父之道"的解释多种多样。"道"有解释为正当合理的行为,教导、引导,具体的政治制度,其深层内涵应在于"对至高德性价值的追求"②。笔者认为这里的"道"是父母的优良传统和作风,无论是行为还是政策是合"道"的,"合道"就是一切都是正当的,不是没有道理的,并不是像一般人望文生义所理解的那样所有父母的规矩都必须遵守。父母去世以后要经常怀念父母,继承他们的优秀传统和作风,给家族增光添彩。后来的《孝经》进一步发展了这种思想,说"立身行道,扬名于后世,以显父母"。《礼记·祭义》也讲孝分三种:"大孝尊亲,其次弗辱,其下能养",第一等便是荣耀父母,子女的贡献使全社会的人都来尊重其父母,这才是真正的大孝。

能继承父母的善道,并将其继承并发扬光大,这是后世子孙义不容辞的责任,因此,祖先优良的传统就有了接续的可能,子孙生来就有着光荣的使命。中国传统社会里,人们有一种非常强烈的光宗耀祖的意识,因为每一个人的人生表现都要写进家谱,写进家族的历史。与之相反,人们要尽量避免恶德败名,给祖宗脸上抹黑,遭族人千秋唾骂。用我们现代的眼光来看,家族义务与责任虽然对个人的自由有

---

① 鲁迅:《我们怎样做父亲》,《新青年》1919年11月第6卷第6号。
② 尚荣、陆杰峰:《孝何以为道——以〈论语〉"无改于父之道"章为中心》,《伦理学研究》2018年第6期。

一定影响,但是这种作为社会基本单位的家族的强大凝聚力保证了社会整体朝向良性方向发展。

总之,人的生命如果真的与动物无几,劳碌于生命本能的满足,那么跟尘埃相去不远,人和人类社会的存在就是要寻求意义和秩序,以便于寻求更美好的生活。且不去论述人死以后的另一个空间是否真的存在,古人相信祖先灵魂不死给现世生存着的人们提供了良善与存在意义的指引,通过一定空间内的情绪释放使生存的意义得到生发和强化,并能将美德作为传统代代相传,使存在的有限空间通过时间的无限扩展得到有效延伸,从而形成一种生命价值的意义链。

第三节　超越时空维度上的孝

孝之所以是德之本,在于其从人实存的真情出发,由己及人推而广之,孝的意义是不断生发的、超越的,将个体纳入了由家到国再到天下的体系中,超越时空维度的局限,生命的存在意义不断被扩大被升华。

一　爱的扩展与超越性

生命的本质是爱,爱的对象和范围决定了个体生命的广度和深度。爱自己是人的生物本能,爱亲人是出于自然真情,真诚爱亲人以外的人以及天地万物则是人类文明高度发达的表现。儒家的爱已经从指向自我,逐步扩展到周围的亲人,然后通过这种在家庭中的外化训练,再进一步扩展到社会乃至自然,形成了真正的天人合一、人我一体、大爱混融的境地。其中的关键环节就是通过具有血缘关系的"亲亲"之爱,才能培养出仁爱之心。像墨家试图从对自我的爱跳出直接过渡到兼爱所有的人,这在儒家看来是匪夷所思的,"不爱其亲而爱他人者,谓之悖德"(《孝经》),所以孟子对墨者大加挞伐:"墨氏兼爱,是无父也,无父无君,是禽兽也!"(《孟子·滕文公章句下》)在孟子看来天下大乱不是缺少爱,而是失去了秩序,没有比建设一套人人都遵守的秩序更重要的,而人与人之间的亲疏是秩序的基础,"五伦"中以君和父为最重要。一个不爱自己亲人的人处处宣称爱人如己,这种爱难免带着虚假的印记。一个爱自己亲人的人,把自己对亲人的那种真情移情到周围更多的人身上,这种爱会让人感觉更真实、更具体、更有实在性。

由此而知,有子说"孝弟也者,其为仁之本与"(《论语·学而》),孝悌之道是"仁"的最核心的内容,是"仁"的体现和落实。然而,必须说清楚的是,"孝"是"仁"的基础和具体表现,但不是全部内容,是"用"而非"体",孔子的最高指向是"仁",这才是"体",是根本的价值指向,"仁"使"孝"能超越一己之私而走向更广阔的空间。作为一个人,当我们在尽心照料父母、缅怀祖先或者抚育下一代的过程中,"孝"(包括"慈")就赋予我们的生活经验以特殊的价值,在与周围特定的人的关系中达到了至善,这就是"成人"或"成仁","仁"的要求可以帮助我们"去接近和建立自己的存在感"[①]。在安乐哲教授看来,儒家意义体系的生成来自一个重要的意义关系的网络,在家庭中获取并掌握的关系技艺是个人和社会的出发点,同时又是终极源泉或宇宙意义。通过实现家庭内外的关系而"成人"的过程中,"以添加意义的方式扩充了宇宙"[②],反过来这种意义生成又为"成人"提供了一个丰富的语境。所以,孔子的弟子子夏说:"事父母,能竭其力;事君,能致其身;与朋友交,言而有信。虽曰未学,吾必谓之学矣。"(《论语·学而》)"成人"绝不等同于一个知识体系灌输的完成,而是一种关系理解与实践能力的养成,一种走向更高远的"仁"的境界的不断攀登。

正是由于"仁"的超越性使孝道不仅仅局限在家庭的圈子内,而

---

① 安乐哲、罗思文:《〈论语〉的"孝":儒家角色伦理与代际传递之动力》,《华中师范大学学报》(人文社会科学版) 2013 年第 5 期。
② 安乐哲、罗思文:《〈论语〉的"孝":儒家角色伦理与代际传递之动力》,《华中师范大学学报》(人文社会科学版) 2013 年第 5 期。

是通过以己之心推人之心的方式，走向社会，由家庭伦理发展到社会伦理。当司马牛在为自己的兄弟悲叹时，子夏就很容易以"仁"的超越性完成了个人情感的升华和替代，"君子敬而无失，与人恭而有礼。四海之内，皆兄弟也——君子何患乎无兄弟也"（《论语·颜渊》），如果做人做到了敬而无失、对人恭而有礼，那么四海之内的人都是你的兄弟姊妹，你为什么要担心没有兄弟姊妹呢？后来孟子提出"老吾老，以及人之老；幼吾幼，以及人之幼"（《孟子·梁惠王章句上》），从个人层面来说，在这里已经由家庭内部的亲情扩展到了整个社会。

推广到国家治理层面，普通人的家庭伦理就成为统治者的治国大道。当季康子向孔子询问如何使百姓恭敬、尽忠和互相劝勉行善时，孔子对他说："临之以庄，则敬；孝慈，则忠；举善而教不能，则劝。"（《论语·为政》）孔子认为"孝慈，则忠"，统治者孝敬父母、慈爱百姓，百姓就会忠心。显然，我们不能苛求历史事实能与此完全符合，孔子在此处强调的是管理者首先要成为仁者典范，要强化自身的道德素养，然后通过榜样教化推动整个社会的道德水平，这是提高整个国民道德素质的有效途径，不是依靠法令或者强制措施所能达到的。这是社会整体自上而下的道德自觉，由仁心而仁政。由孝而仁，赋予人的存在以最高的价值意义，不断深化与扩展自我，促进个体精神的能动发展。

二 成就自我与贡献社会

孝道在中国传统文化语境中，既是成就个人的一种途径，又是能够贡献社会的方式，无论进退，都给个体存在的价值和意义的实现提供了充足的空间。

（一）立身扬名成就自我

社会对个人成就的评价标准向来引领着文化的发展方向。中国传统文化对个人成功的评价标准不是成为一个个人英雄，不是追求功名财富满足个人享受，而是更多指向了德行，引向了人伦层面义务和责任的实现。对于社会精英阶层而言,"士不可以不弘毅,任重而道远。仁以为己任,不亦重乎?死而后已,不亦远乎"(《论语·泰伯》)。春秋以及之前,士是高于普通老百姓的五大社会阶层之一(天子、诸侯、大夫、士、庶人),后来逐渐成为中国传统社会的知识和文化的精英阶层。儒家主张士人将"仁"作为自己的人生追求的目标,自觉担当起了社会责任。《论语·子路》中,子贡问如何做才能成为一名有作为的"士"?孔子的回答给了不同的层次标准。首先是有位有德之人,"行己有耻,使于四方,不辱君命",行为有依止,尽到了社会责任,完成了国家给予的使命,可以说就达到了士人的标准。其次是无位有德之人,"宗族称孝焉,乡党称弟焉",个人价值的实现不一定需要丰功伟业,只要尽到了自己的伦理本分,惠及乡邻,造福一方。最次一等的士人是"言必信,行必果",说话守信,有行动力,虽然格局不高,甚至快意恩仇,但也有可赞赏之处,在孔子看来也要高出当时的鲁国执政者。子张对"士"的理解显然将上面三种说法糅合在一起,"士见危致命,见得思义,祭思敬,丧思哀"(《论语·子张》),也突出了尽孝是个人价值实现的途径。对于普通人而言,在家能行孝,行事竭其力,与人有诚信"虽曰未学,吾必谓之学矣"(《论语·学而》),能敦伦便是学问。总之,无论处于哪个阶层,明人伦乃人生在世第一要义。

(二)移孝作忠家国同构

在孔子看来,在家尽孝与直接从政具有同等的重要性。面对别人"子奚不为政?"的刁难或者说疑惑,孔子引用《尚书》上的话"孝乎惟孝,友于兄弟,施于有政",说明在家孝敬父母友爱兄弟,就等于是从政了。既然是等于从政了,为什么一定要出去做官呢?在家孝敬父母友爱兄弟怎么能和出去做官画上等号呢?其实道理很简单,家庭是社会最基本的细胞,每一个家庭都和谐了安宁了,是不是整个社会都和谐了安宁了?是不是这也等于是在给社会做贡献了?《论语·子罕》里边还有类似的句子,出门事奉公卿,回家敬事父兄,丧事尽力,不被酒困扰,这些事情表面上看起来都是很平常很一般,只要都尽力去做了就行了。其实

第二章 《论语》中多重维度的"孝"

这也不难做到,如果人们在工作岗位上尽心尽力,尽职尽责,回到家里扮演好自己的家庭角色,遇到朋友有患难一定尽力帮忙,这就是一个有仁德的人。所以孟子说"人人亲其亲、长其长,而其天下太平"(《孟子·离娄上》),从这里的分析我们可以看出,治家与治国就此统一起来了,这与儒家后来提倡的修、齐、治、平的人生道路是一致的。

这样做有什么好处呢?《论语·学而》中有子认为,如果一个人在家能够孝敬父母,友爱兄弟,那么在外他就不会做一些犯上作乱的事,可以对国家尽忠。把这种孝悌推广到人民中去,人民就不会起来造反,这样就有助于维护国家和社会的安定。在家能孝悌父兄,在家庭生活中养成亲亲、尊尊、长长的习惯性心理,在社会上的表现便是克己复礼、循规蹈矩,为了不辱没父母必然不会犯上作乱。"不好犯上,而好作乱者,未之有也"这一句成为从家庭孝亲转向政治领域孝治的关键,作为统治者当然不希望在下的民众犯上作乱,更希望民众无一例外成为顺民。如果加强家庭中长辈对子辈的管教和顺服教育,那么将这种顺服顺理成章地移情到政治领域毫无疑问有利于国家的统治。于是,孝道本身有助于社会和睦的客观效果便被人为地有心地利用,成为统治民众的工具。历史事实也证明,用孝治理天下的确是一种很有效的手段,所以后世在与政治的结合中,孝道逐渐开始被人为地转向了"顺"。"不好犯上"这一句引申开来,甚至可以推广到与异族他国的关系上,这便是和平主义。在意大利人利玛窦看来,中国人跟欧洲人相比很不相同,"他们满足于自己已有的东西,没有征服的野心"[①]。虽然历史上有个别极具野心的统治者,但儒家文化的基本点是"仁"与"孝",这决定了儒家从根本上讲是不会赞成侵略的。

孔子的思想就这样一步步由己及人,通过家庭内的养成训练再到国家事务的处理态度,层层延伸逐步展开,使接受者容易理解更容易

---

① [意]利玛窦、金尼阁:《利玛窦中国札记》,何高济、王遵仲、李申译,中华书局1983年版,第58—59页。

践行。为人子者，孝是其使命，为人臣者，忠是其标准，为人君者，慈是其依据，与人交往时，信是其原则。亲亲为基础，尊尊为表现，从家庭孝道到孝治天下，这是中国古代社会特有的家国同构模式，亲亲与忠君爱国完美统一在一起，中国特有的忠孝文化也由此形成。

由以上分析可以看出，儒家的孝道思想具有超越性价值。与原子人是一个孤零零的个体存在不同，儒家主张与其周围的集体、社会发生关联，并在其中赋予个体存在的价值和意义，个体的生命张力才能充分显现出来，个体的价值才能得到实现和扩充。孝道就是主张在与他人的关系交互中放大自己的生命格局，从而实现自己的生命价值。

第四节 《论语》中孝的当代价值

随着现代性的到来，人们在拥有越来越丰富的物质财富的同时也拥有越来越独立的自我，却发现自己原来所谓宗教性的框架意义已不存在，人的存在其实是支离破碎的一无所有，人逐渐被异化，脱离于社会之外，没有了归属感。中国古代传统孝文化留给我们的最宝贵的精神遗产应该就是使人在家的温情抚慰下重新确立生存的意义，以此对抗现代社会外界压迫下的孤独、焦虑和恐惧。当人的精神与家联结在一起时，就会产生强大的足以对付外界一切压力和痛苦的能量。这是从人的生存意义上重新认识孝道的价值，发掘出对现代人真正有利的精神资源。

第三章 《孝经》中的"移孝作忠"

作为千年孝文化经典的《孝经》在传统思想文化领域长期占据着重要的地位，有人认为《孝经》的核心不在于阐发什么是孝道，"而是以'孝'劝'忠'"①，但《孝经》里最大的争议点就是移孝作忠的说法。其内涵有一个产生发展的阶段，有转移偏离的过程，有被彻底否定的时期。这就需要我们在历史语境的变迁中辩证看待《孝经》中的移孝作忠，并探讨在当代社会里是否还有意义和价值。

第一节 先秦时期的忠孝观念与《孝经》

忠孝观念在古代社会早已存在，《尚书·酒诰》有"孝养厥父母，厥父母庆"，《尚书·盘庚》有"各设中于乃心"，《诗·大雅·既醉》有"威仪孔时，君子有孝子。孝子不匮，永锡尔类"。那么，这一观念在先秦时期是如何发展演变的？与《孝经》的关系如何？

一 "孝"的泛化

中国最早的国家是由部落宗族逐渐壮大后兼并其他部落的过程中形成的，夏商周三代都是家国合一，孝道主要是宗族祭祀，孝的对象主要是有助于加强血脉联系的故去的祖先，"追孝""享孝"是其主

---

① 胡平生：《〈孝经〉是怎样的一本书·〈孝经〉译注》，中华书局1996年版，第2页。

要内容，后来许慎在《说文解字》中解释"孝"为"善事父母"。相对于孝道，"忠"的概念是后来才出现的，《说文解字》解释为"敬也，尽心曰忠，从心、中声"。"忠"字在《论语》中出现了18次，主要指向追求内在的自我修养、自我完善，以及由此而产生的一种自觉地对他人、对社会的责任心和道德行为。① 由于春秋战国时期血缘等级关系有所松动，礼崩乐坏，诸侯国对周王室不再尊崇，而是相互争夺利益，"春秋无义战"（《孟子·尽心下》），宗法君主制开始向中央集权君主制过渡，"忠"的观念得到强化，并且被赋予了专门指向君主的特定含义，这也是"孝"泛化后的结果。

"孝"如何跟"忠"联系起来？主要看怎样理解"孝"和"忠"之间的一致性，也就是"孝"向"忠"过渡之间必然有一个桥梁，我们可以从两个方面来理解这一互通性。从主体行为态度上来说，其一为"顺"。《礼记·祭统》就有"忠臣以事其君，孝子以事其亲，其本一也"的说法，郑玄注将"其本一者"解释为"言忠孝俱由顺出也"②。孔颖达认为"顺"是"内尽于己，外顺于道""行善无违于道理也"③，这种解释偏重于"义"和"理"，而荀子却认为"从命而利君谓之顺"（《荀子·臣道》）。尽管对"顺"的理解有所偏差，但是"顺"把忠孝之"本"与后来的忠孝具体实践联系了起来。

从主体情感角度来说，忠孝互通性的第二个方面是爱和敬。在孔子和曾子看来养是最起码的保障，是最低层次的孝，甚至都算不上孝，而孝的核心是对父母的爱和敬。爱和敬同样也是社会生活其他方面的一种要求，但只有父母和子女之间的这种家庭感情关系是最真诚、最深厚、最持久的，如果迁移扩大到其他主体对象，这种社会情感关系就能真正得到落实，所以孝"可作用的关系也就得到了前所未

---

① 孟宪承等：《中国古代教育史资料》，人民教育出版社1985年版，第99页。
② （清）阮元校刻：《十三经注疏·礼记正义》，中华书局1980年版，第1602页。
③ （清）阮元校刻：《十三经注疏·礼记正义》，第1603页。

有的扩展"①，故《礼记·祭义》中有"居处不庄，非孝也；事君不忠，非孝也；莅官不敬，非孝也；朋友不信，非孝也"之说。

由此，不难理解《孝经》中的孝几乎涉及生活的方方面面，始于事亲，中于事君，终于立身，几乎涵盖了由生到死的一切行为表现，被称为天之经，地之义。需要注意的是，在五等之孝中，地位越低的人承担的孝的内容越具体、越接近于"善事父母"的生活实际，地位越高的人就越多附加了超越"善事父母"的内容。所以《大学》论证修、齐、治、平的关系也是遵循着由家而国逐步扩展的逻辑，一再强调孝的重要性，"所谓治国必先齐其家者，其家不可教而能教人者，无之。故君子不出家而成教于国。孝者，所以事君也；弟者，所以事长也；慈者，所以使众也"。

虽然说"事亲孝"可移于"事君忠"，但这并不是说"孝"与"忠"之间完全对等可以相互转换，而是说"孝"无所不包且能衍发出"忠"，"忠"是"孝"延伸出来的道德。相应地，一个人善事父母，做事能尽心竭力，换了不同的时位，无论服务于谁都可以自然做到"忠"。②

二 "忠"与"孝"矛盾

忠孝之间的矛盾表面上是爱敬对象之间的选择问题，深层原因是"顺"与"义"的价值冲突问题。由于"忠"和"孝"维护的权威不同，"孝"跟家庭血亲关系密切相关，"忠"则由"尽己为忠"的道德修养衍化为对君主的忠诚，由此导致的价值取向是不一样的：因为对父母的孝出于天然血缘关系是无法选择也是必然规定性的要求，即使亲有错也只能"几谏""悦复谏"，谏而顺之，孝亲是没有任何理由可以逃避的责任；但"忠"含有更多的"义"的成分，因为有自

---

① 张一鸣：《〈孝经〉中的孝与忠》，《文化学刊》2018年第6期。
② 张一鸣：《〈孝经〉中的孝与忠》，《文化学刊》2018年第6期。

主性,三谏不从当舍弃之,"义"是事君应该秉持的原则。"孝亲"面对的是私人生活领域,"孝子之至,莫大乎尊亲"(《孟子·万章章句上》),"忠君"面对的是公共生活领域,"致公无私"(《忠经·天地神明章》),这两个领域有价值重合相一致的地方,也有相互矛盾有此无彼的情况。孔子、孟子面对这个矛盾的回答都是以不损伤情感为上,把维护孝道放在首位。

随着封建专制的加强,个人空间开始从家庭生活领域逐渐向公共生活领域扩展,这样就对忠君做出了更多的要求,忠孝观念开始从"曲忠维孝"演变为"移孝作忠"[①]。到了荀子时,他就忠孝矛盾问题提出了明确的解答——君恩大于亲恩,从义不从父(相对于郭店简《六德》"为父绝君,不为君绝父"),使"孝"这一家庭伦理逐渐政治化,"上之于下如保赤子……故下之亲上欢如父母,可杀而不可使不顺"(《荀子·王霸》)。"孝"融合于"忠",完全以维护封建统治秩序为中心。

三 《孝经》之忠孝关系

《孝经》明显继承了孔子和曾子的孝思想,一方面强调要养亲、敬亲、谏亲,另一方面还要继承父母的遗志,但他们多强调的是家庭伦理,而《孝经》的"移孝作忠"则是把家庭伦理变成了社会政治,从而走向了政治化,更多关注孝的政治与社会功能。《孝经·开宗明义章》中"夫孝,始于事亲,中于事君,终于立身",强调成年以后要把从小养成的对父母的孝用在心甘情愿地为君主效忠上,一开始就奠定了孝治的主调。《孝经·广扬名章》云:"君子之事亲孝,故忠可移于君;事兄悌,故顺可移于长;居家理,故治可移于官。是以行成于内,而名立于后世矣。"一般认为,这在儒家思想史上是第一次

---

① 王长坤、张波:《从"曲忠维孝"到"移孝作忠"——先秦儒家孝忠观念考》,《管子学刊》2010年第1期。

从理论上论述了"移孝作忠"①。细究起来,《孝经》在论述忠孝关系上有以下几个特点:

(一)"爱""敬"不同

对于事父与事母同样需要爱和敬,但两种感情对于父母是有分别的,以此迁移到事君方面决定了孝与忠的根本不同。在《孝经·士章》中提道:"资于事父以事母,而爱同;资于事父以事君,而敬同。故母取其爱,而君取其敬,兼之者父也。"郑玄的解释是:"事父与母,爱同敬不同也;事父与君,敬同爱不同也。"②也就是对父母都要爱,但是对父和母的敬却不同,一般来说,子女跟母亲的关系更为亲密一些,对父亲更为敬重一些,这完全符合生活常识。事父和事君同样都要敬,但事父与事君的爱却不相同,"母取其爱,不取其敬;而君取其敬,不取其爱"③。由此可以得出,对于事母主要取其爱,对于事君主要取其敬,所以陈璧生说郑玄意为"移敬作忠",而不是简单的"移孝作忠",从而力图证明忠孝有别。④在后世的很多儒者看来,事父、事母与事君的爱敬情感从性质上来讲是一样的,只是有程度深浅与取舍先后的区别:对母爱深敬浅故取爱,对父敬爱均等,对君敬深爱浅故取敬。

(二)"忠""孝"有属

就《孝经》文本而言,虽然强调的是"孝"与"忠"的分离,但不是"忠孝无别",而且"移孝作忠"是针对士阶层而言,并不是对所有人的普遍道德要求。所以,"移孝作忠"与"以孝事君"是后人根据《孝经》里的语句简化归纳而出,但就《孝经》自身而言,

---

① 张晓松:《移孝作忠——〈孝经〉思想的继承发展和影响》,《孔子研究》2006年第6期。
② 陈铁凡:《孝经郑注校证》,"国立"编译馆1987年版,第53页。
③ 陈铁凡:《孝经郑注校证》,第53页。
④ 陈璧生:《古典政教中的"忠"与"孝"——以〈孝经〉为中心》,《中山大学学报》(社会科学版)2015年第3期。

忠孝关系本身并未表现出"忠孝无别"或是"以孝作忠"的特点。①

（三）"义"为主导

虽然"孝"与"忠"之间的互通性有"顺"和"义"，但无论是对父母还是对君主，《孝经》均未提倡唯命是从、一味顺从，而是当父母和君主出现不当行为时要及时劝谏，以"义"为上。曾子以笃孝闻名，曾经因为误锄庄稼而险些被盛怒之下的父亲打死，《孝经》就借曾子之口请教孔子："敢问子从父之令，可谓孝乎？"（《孝经·谏诤章》）孔子对此的回答显然有些愤怒，连用"是何言与"表示否定，要求做子女和臣子的及时制止不义行为，"故当不义，则子不可以不争于父，臣不可以不争于君。故当不义则争之"。符合道义的劝谏，能使君父避免因为过失面临危险遭受侮辱，从而免于不义。

谏父与谏君都属于居下位者对居上位者的规劝，但父子之间有血亲关系，纵然劝谏不成也只能顺之，别无选择；君臣之间没有血亲关系，其根在于义，劝谏不成，可舍弃君主而去，具有一定主动性。所以，"孝"与"忠"之间还是有区别的。

第二节　汉后《孝经》注疏"移孝作忠"

秦汉时正式确立了大一统的封建制中央集权，孝论为了适应意识形态的需要产生了根本性的变异，"移孝作忠"里"以义辅亲"的原则被对尊长的无条件服从所代替，父子之间人格不再平等。与此同时，统治者都非常重视《孝经》的教化作用。汉武帝时，《孝经》成为太学的教材，根据《太平御览》（卷640）的说法，早在元光元年（公元前134年），"初令郡国举孝廉各一人"，此后，举孝廉正式成为入仕的途径，王莽执政时《孝经》进一步成为地方学校的教材。东汉时，对《孝经》空前重视，列入"七经"（《诗》《书》《礼》《易》《春秋》《论语》

———————
① 张一鸣：《〈孝经〉中的孝与忠》，《文化学刊》2018年第6期。

《孝经》)。魏晋南北朝时,时局动荡分裂割据,统治者无一不想借助《孝经》稳定统治。到唐朝,太宗曾到国子监亲自听孔颖达讲《孝经》,玄宗更是亲自注释《孝经》。宋时又校定《孝经义疏》。直至金元明清时期,《孝经》都是学校教育的重要内容,都是希望能够教化百姓,令臣子忠于君主,加强封建统治。

在此期间关于对《孝经》"孝"和"忠"之间的关系的解释史,根据陈壁生的说法,大致上可分为两个阶段:一是从汉到唐,以制度解经为主,父子、君臣关系有别,忠孝关系明朗;二是从唐明皇注释《孝经》后,以道德训诫为主,父子、君臣之间的界限被淡化,忠孝关系混而为一,这种解释方法直接造成了现代对《孝经》忠孝合一思想的批判。[1] 可以说,唐明皇的注释是《孝经》解释史上的分界点,使《孝经》生发出"忠孝无别"的说法,宋明时的阐发又进一步使"移孝作忠"发生了偏离。

一 唐明皇注释《孝经》

关于忠孝关系最有争议的问题分别出自以下三句话的解释:

(一)父子之道,天性也,君臣之义也(《孝经·圣治章》)

"父子之道""君臣之义"这句话是关于父子和君臣关系的定位,郑玄注为"君臣非有天性,但义合耳"[2]。父子关系为生养之常道,不能舍弃,君臣之间因为没有血缘关系,只为义合,若三谏不从就可离去,二者之间的区别截然分明,这种解释绝无忠孝无别之义。唐明皇在《孝经御注》里将这句话解释为"父子之道,天性之常,加以尊严,又有君臣之义"[3],在父子关系之上"加以尊严"就有了君臣之义,等于

---

[1] 陈璧生:《古典政教中的"忠"与"孝"——以〈孝经〉为中心》,《中山大学学报》(社会科学版)2015年第3期。以下部分内容受该文启发。

[2] (清)皮锡瑞撰,吴仰湘点校:《孝经郑注疏》,中华书局2016年版,第80页。

[3] (唐)李隆基注,(宋)邢昺疏:《孝经注疏》,《十三经注疏》,上海古籍出版社2009年版,第50页。

是将父子关系与君臣关系合二为一。因为下文是分而述之,先讲"父母生之,续莫大焉",父母生养了子女,生命相续,这是非常重大的事情,后讲"君亲临之,厚莫重焉",郑玄注为"君亲择贤,显之以爵,宠之以禄,厚之至也"①,因为君主择贤而用,赐予臣子爵禄,恩德之厚莫能相比。唐明皇将"君亲临之,厚莫重焉"解释为"谓父为君,以临于已。恩义之厚,莫重于斯"②,这里直接将"君"理解为父亲像君王一样有威严。为了使这种解释前后连贯,唐明皇在今文《孝经》"父子之道天性"后加了一个字"也",使前后文字之间的语义关系发生了变化,使前后两句的对比关系变成了并列关系。

作为皇帝这样改动,显然有一定的政治目的。先秦儒家认为君臣之间的关系就跟朋友一样,由义而合:向朋友进谏,不能则止;向君王进谏,三谏待放。二者的区别在于,朋友之间的"义"轻,君臣之间的"义"重,所以,对朋友进谏一次,对君王三次。但对父之谏,绝无去之的道理。但是唐明皇的注解将父子关系和君臣关系本质上合二为一以后,对君主的忠诚就成了臣子身上永远无法去除的枷锁,同血缘关系一样至死不渝。但从先秦儒家的君臣关系来看,郑玄的解释更符合经典原意,君臣义合是核心规定③,这在孔子和孟子那里多次强调。这一点显然对封建皇权不利,改动后能更好适应大一统集权的需要。

另外,自秦始,社会政治组织形式已经发生了根本性改变。据《仪礼·丧服传》,对"君"要服斩衰三年,郑玄注"有地者,皆曰君"④,有地者就包括天子、诸侯、卿大夫,士与庶人是没有封地的,所以,君臣关系中不是所有的臣要面对唯一的"君",而是整个社会

---

① (清)皮锡瑞撰,吴仰湘点校:《孝经郑注疏》,中华书局2016年版,第81页。
② (唐)李隆基注,(宋)邢昺疏:《孝经注疏》,《十三经注疏》,上海古籍出版社2009年版,第50页。
③ 陈壁生:《古典政教中的"忠"与"孝"——以〈孝经〉为中心》,《中山大学学报》(社会科学版)2015年第3期。
④ (汉)郑玄注,(唐)孔颖达疏:《仪礼注疏》,《十三经注疏》,台北艺文印书馆2007年版,第346页。

组织机构中不同级别的多个"君",对臣子而言,"君"是可以选择的,但是秦后只有一个君主,就变为臣子无法选择君主了,在这个意义上,除了出仕与避世的选择外,只要出仕就不能选择君主,君臣关系的确有点类似父子关系。

虽然在《周易》中也有将父母比作严君,"家人有严君焉,父母之谓也"(《周易·家人》),但这是为了强调父母的言行举止要庄重合礼;《诗经》中也将君主比作父母,"乐只君子,民之父母"(《诗经·南山有台》),也只是为了强调为政者要爱护民众,父子和君臣从来都是各自独立,亲亲是父子之伦,尊尊为君臣之伦,二者不可混淆。

(二)资于事父以事母而爱同,资于事父以事君而敬同(《孝经·士章》)

这句话历来争议较大,究竟对父与君的情感是否一样、有什么区别等说法不一。唐明皇的注为"言爱父与母同,敬父与君同"[1],没有详解。早在六朝时郑注的义疏里已经提出了该句话的适用范围"辨爱敬同异者,士始升朝,离亲辞爱,圣人所难,以义断恩,物情不易,故曰士始升朝也"[2],先秦时期的行政制度是五等有别,行孝方式也各不相同,这当然与父死子继的继承制有关系。天子、诸侯的爵位都是世袭的,至于卿大夫、士是否也能世袭是有争议的。根据《孝经·孝治章》里的说法,天子"以事其先王",诸侯"以事其先君",卿大夫"以事其亲","先王""先君"表示逝去的君王,而卿大夫偏以"得人之欢心"来"以事其亲",说明亲还健在,卿大夫不是父死子继,而是选举制。[3] 若是从民间选荐而来,那就要离开父母,由事

---

[1] (唐)李隆基注,(宋)邢昺疏:《孝经注疏》,《十三经注疏》,上海古籍出版社2009年版,第19页。

[2] 徐建平:《敦煌经部文献合集》(群经类孝经之属),中华书局2008年版,第1990页。

[3] 陈壁生:《古典政教中的"忠"与"孝"——以〈孝经〉为中心》,《中山大学学报》(社会科学版)2015年第3期。

父到事君，为君臣之义舍父母之恩，其事父时能够尽孝，以一贯养成的行为态度事君便为忠。另外，这句话出自《孝经·士章》，已有事父之敬的士，出仕后以久已养成的敬事君，便能做到为臣之忠。前文已借用陈璧生教授的观点，这是"移敬事君"，简单概括为"移孝作忠"容易导致误解。

《孝经》之所以强调孝道里的爱与敬，是因为在家庭里培养的这两种情感是儒家思想仁和礼的基础。家庭是培育德性的最初场所，自出生起，孩子与父母之间有着自然的亲情之爱、敬重之心，这是不学而能不虑而知的良知，是教化之根。爱其亲而能推及他人之亲，此谓仁德。敬其亲而生礼，礼主于敬。孝之所以对德性的形成有基础性地位，就是因为有情感上的爱与敬作为支撑。爱和敬在家表现为孝，在社会表现为道德和礼乐，事君之道取敬便可为忠。

（三）君子之事亲孝，故忠可移于君（《孝经·广扬名章》）

对这句话，郑玄注为："欲求忠臣，必出孝子之门，故言可移于君。"[1] 意谓君子在家事亲能孝，爱敬其父，此爱敬之能力就包含了忠的品质，因忠君须以敬为基础，而忠君与事父敬同，故即便未事君，也可断定能事父者事君必定忠。所以"君子之事亲孝故忠"，不是把事亲直接移植到忠君，而是凭借事亲养成的品质，若得以事君必能将这种品质发挥出来就是忠。接下去后面的两句"事兄悌故顺，可移于长"和"居家理治，可移于官"也是按照这一逻辑进行的：在家能事兄以顺，理家以治，在家中就养成了良好的品质和能力，这种德行和能力同样可以在行政工作方面发挥出来。由此看来，家中养成的品德实乃处理政务之基础，所以句读为"君子之事亲孝故忠，可移于君"更有深意，实质上据此"落实为政治上的选贤制度"[2]，实际上

---

[1] （清）皮锡瑞撰，吴仰湘点校：《孝经郑注疏》，中华书局2016年版，第99页。
[2] 陈璧生：《古典政教中的"忠"与"孝"——以〈孝经〉为中心》，《中山大学学报》（社会科学版）2015年第3期。

汉魏时期选贤之事也多用此经文。

唐明皇对这句注释为"以孝事君则忠",邢昺疏云:"言君子之事亲能孝者,故资孝为忠,可以移孝行以事君也;事兄能悌者,故资悌为顺,可移悌行以事长也;居家能理者,故资治为政,可移治绩以施于官也。……先儒以为'居家理'下阙一'故'字,御注加之。"①这样加上一字,句读全然不同,"君子之事亲孝,故忠可移于君;事兄悌,故顺可移于长;居家理,故治可移于官"。经义也随之有变,直接移孝亲为忠君了。

二 宋明时的阐发与偏离

宋明理学非常关注义理层面的诠释,很多解释具有创造性且富有哲学内涵,对于"移孝作忠"主要侧重在孝与忠的关系阐发上。

（一）孝为本体

关于孝与忠的关系,朱熹在对《论语·学而》里"孝悌也者,其为人之本与"一句阐释道:"仁是性也,孝弟是用也,性中只有个仁义礼智四者而已,曷尝有孝弟来?"②认为仁为本孝为用,所以将孝排除在本体的性理之外。

在孝是否为本体的问题上,心学相对于理学关注得多一些。心学家将孝界定为心的范畴,湛若水认为孝源于天性,"父子之爱,天性根于心"③,将孝提到了本体之心的高度。本体之心收摄一切,贯穿并关联所有概念,形成一个圆融浑然的整体。所以杨简对庄子的批评就不足为怪了,《庄子·人间世》中庄子引用孔子的话说明天下大戒不出乎命与义,爱亲为命,事君为义。杨简认为以一命一义而分忠孝实在让人难以相信为圣人语,因为按照其先生的说法"忠孝一心,无惑

---

① （唐）李隆基注,（宋）邢昺疏:《孝经注疏》,《十三经注疏》,上海古籍出版社2009年版,第69页。
② （宋）朱熹:《四书章句集注》,中华书局2011年版,第50页。
③ （明）湛若水:《格物通》卷34,文渊阁四库全书本。

于异论"①。杨简实际上是否定庄子取法孔子"君臣义合"的看法，而是认为忠孝一心，以此心收摄忠孝，这样一来从本质上讲忠孝就无差别了。

杨简的弟子钱时从行孝的工夫论上论证"此其工夫全在无忝所生上"②，敬、爱、忠、顺是心中本来就有的，不能等到事父、事母、事君、事长时才说敬、爱、忠、顺。这种说法突出了心的主体地位，没有强调孝是否是情感本源的问题以及对君主的忠和对上级的顺是如何推衍出来的。

明末黄道周在演绎孝与爱、敬之间的关系时，以天喻父，以地喻母，以日喻君，地、日皆源自于天，他认为爱、敬都源自于孝，既然天是万物的本源，孝当然是一切情感的本源，甚至对师长的情感也来源于事父之孝。孝为人的天性，具有本源意义，就赋予了形而上学的本体意义。

（二）移的可能

明确了孝和忠的关系后，一个很关键的问题就是如何"移"。总的说来"移法"有两种：

一种是时间的推移。前期的注大体上沿袭这一路子，主要是根据"始于事亲，中于事君，终于立身"（《孝经·开宗明义章》）中"始""中""终"的时间界定来解释的。郑玄注为："父母生之，是事亲为始；四十强而壮，是事君为中；七十步行不逮，县车致仕，是立身为终也。"③孔安国传曰："自生至于三十，则以事父母，接兄弟，和亲戚，睦宗族，敬长老，信朋友为始也；四十以往，所谓中也，仕服官政，行其典谊，奉法无贰，事君为道也；七十老致仕，悬其所仕之车，置朝庙，永使子孙鉴而则焉，立身之终。"④二者基本都

---

① （宋）杨简：《慈湖遗书》续集卷第一，《四明丛书》本。
② （宋）钱时：《融堂四书管见》卷11，文渊阁四库全书本。
③ （清）皮锡瑞撰，吴仰湘点校：《孝经郑注疏》，中华书局2016年版，第13—14页。
④ （汉）孔安国：《古文孝经》，《知不足斋丛书》本。

是以四十和七十为节点分为三个阶段,第一阶段四十以下在家尽孝,四十到七十之间为"中"是第二阶段,要出仕事君。

第二种是情感的类推。最有代表性的是朱熹在阐释格物工夫时以"移孝作忠"为例有所论及:"既是教类推,不是穷尽一事便了,且如孝,尽得个孝底道理,故忠可移于君,又须去尽得忠,以至于兄弟、夫妇、朋友,从此推之无不尽穷,始得。"(《朱子语类》卷18)朱熹的这种说法基本奠定了后世儒者对"移孝作忠"的移法的解释[1],元代董鼎、明代吕维祺、清代的冉觐祖都有类似说法,是把那种对父兄的情感类推到对君上的态度,而不是从时间上的第一阶段自然过渡进入下一阶段。当然这在时位上会出现忠孝不能两全的情况,但程颐对此的论述相当明白:"古人谓忠孝不两全,恩义有相夺,非至论也。忠孝、恩义,一理也。不忠则非孝,无恩则无义,并行而不相悖。"(《二程集·河南程氏文集》)如此加上现实政治中的"丁忧"和"夺情"制度,忠孝之间的矛盾得到了化解,忠孝关系就完美地统一在一起。

第三节　近现代对孝道的批判与重建

长期以来在中国传统社会里,《孝经》中孝的至德要道的绝对真理地位是不容置疑的。然而,随着西方坚船利炮打开了国门之后,给清王朝的打击是政治、经济、军事、文化全方位的。国内的知识分子阶层亦开始对国家的危亡做了反思,首先是物质技术层面的,后来再推向政治制度,然后发现思想文化方面的流弊,最后很多人像陈独秀一样断定伦理的觉悟是"最后觉悟之最后觉悟"[2]。

---

[1] 蔡杰:《"移孝作忠"的概念申说——以〈孝经〉诠释史为中心》,《湖北工程学院学报》2018年第4期。

[2] 陈独秀:《独秀文存》,安徽人民出版社1987年版,第41页。

中西方文化在截然不同的路径展开，中国先民的目光聚集于家庭和集体的时候，西方则注重个体与城邦。然而在中国传统社会还是原地踏步时，西方已经走上了快速发展的现代化道路，19世纪末至五四运动前后的东西方文化初相遇，是一系列不平等条约下的不平等对视，难免在学习、吸收、羡慕西方文明的同时自我否定、自卑自贱、有失全面客观。直到20世纪30年代，新儒家致力于从传统文化中寻找出新的价值，开始在理论上进行传统孝道的重建。

一 对传统孝道的批判

近现代对传统孝道批判主要是以西方的自由、民主、平等理论批判传统纲常名教，为推翻封建专制而否定与政治制度紧密关联的孝道，本质上是从简单化的社会经济基础决定论否定传统文化。

（一）对纲常名教的否定

在两种异质文化的碰撞下，西方的价值追求诸如自由、民主、平等、正义给近代士人强烈的思想撞击，成了他们反对传统的纲常名教的思想支撑。子事父以孝、臣事君以忠是以等级差别为前提，从根本上来讲是不平等的，因为只强调了君和父的权威，而忽视了子与臣的权利，这一点是显而易见的。张之洞虽然主张"中体西用"，但在他的《劝学篇》里认为中国之所以是中国的根本就在于三纲伦常，所以非常明确地说："故知君臣之纲，则民权之说不可行也；知父子之纲，则父子同罪免丧废祀之说不可行也；知夫妇之纲，则男女平等之说不可行也。"[①] 谭嗣同的立场显得激进得多，他的《仁学》更是充满了对三纲的批判，他认为数千年来，三纲五常烈毒残酷，忠孝为臣子之专名，以名制人，少有为仁。君父可责臣子，反之亦可。希望以平等取代传统父尊子卑的等级关系，并设想要建立一种新的人伦关系，以朋友一伦关系代替五伦关系。强调"平等""自由""节宣惟意"，

[①] （清）张之洞：《劝学篇》，中州古籍出版社1998年版，第70页。

"总括其义,曰不失自主之权而已矣"①。谭嗣同虽然对父子关系多有质疑,但并没有彻底否定孝道的价值。

(二) 对忠孝合一的批判

五四时期,反孔不再是离经叛道之举,俨然成为时代主流,孝道因为与伦理的密切关联成为激进派攻击的首要目标。不少人跟胡适一样,动辄便把中国日益深化的危机和面临的种种社会问题都归之于孝道。其中,最有代表性的是吴虞,他在《家族制度为专制主义之根据论》,炮轰孝悌作为专制政治与家族制度联结的根干,认为这是专为君亲长上而设,只保障了为尊者的权益而不顾为下者的利益。所谓的父慈子孝,表面上看起来平等,但实际上对于不孝的制裁严厉而对不慈者却无制裁;君臣之间以礼与忠相待,看起来也很平等,然而人臣不忠必受诛,君对臣无礼却无人能制裁,设孝道的目的在于防止臣下犯上作乱,最终是为了维护君权。

他痛斥忠孝一体为洪水猛兽。儒家主张未仕在家事亲为孝,出仕在朝事君为孝,这样家国无分,君父无异,孝之范围,无所不包,导致家族制度与专制政治,遂胶固不分。表面上恭顺敬爱的孝实则是要求子女无条件地言听计从,无论怎么说都是丧失了主体性和自我意识的愚忠,提倡孝观念和孝养方式荒谬至极,与人民的精神需求相抵牾,只有彻底抛弃旧时代的忠孝理论,才能塑造新时代的新精神。在《说孝》一文中,他重申孝道应该去除尊卑观念,确立相互扶持的责任。"同为人类,同做人民,没有什么恩,也没有什么德,要承认子女自有人格,大家都向'人'的路上走。"②

此外,陈独秀、李大钊对孝道与家族主义的联系也有批判。陈独秀认为,宗法社会的特点是尊重家长看重阶级,故教孝,宗法社会的政治包括郊庙典礼是国家大事,国家组织如同一个家族,尊重元首,

---

① (清)谭嗣同:《仁学》,中州古籍出版社1998年版,第200页。
② 吴虞:《吴虞集·说孝》,四川人民出版社1985年版,第177页。

看重阶级，故教忠。"忠孝者，宗法社会封建时代之道德，半开化东洋民族一贯之精神也。"① 以纲常名教和等级制度为特征的中国伦理政治，与追求自由、平等、独立的西方道德政治是相互矛盾的，要实行共和立宪制，就必然要抛弃纲常阶级制。李大钊认为打破大家族就是打破父权、夫权、男子专制社会的运动，"也就是推翻孔子的孝父主义、顺父主义、贱女主义的运动"②。

五四以来，在很多人的意识里孝道就跟封建小农经济和皇权政治画上了等号，是一种历史现象，不适应现代社会发展的需要，因而也不具备普世价值。陈寅恪先生在《王观堂先生挽词并序》中以经济基础决定论出发，说明长期以来中国传统社会没有背离三纲六纪之说就在于经济制度没有根本的改变，后来因为外族入侵引起社会急剧变化，孝道与纲常名教的密切联系受到质疑。③ 对孝道的否定排除救亡图存的特殊历史时期要求变革社会秩序的现实需要外，还跟世界范围内现代对传统的颠覆思潮有关。旧秩序的破坏必然要求新秩序的建立，而"新"不可避免要脱胎于"旧"，因而就不能不对"旧"的事物重新思考。

二 对传统孝道的重建

相对于五四时期陈独秀等人对孝道的批判主要集中在行动层次和制度层次，即"孝道思想的僵化部分和束缚个性发展的腐朽部分，以及孝道思想与实际政治发生关联以后所产生的种种流弊"，新儒家们主要在理论层次"来重新发挥孝道的真精神"④。新儒家主要在两个方面着力于对传统文化的重建，一是回应五四时期西方自由、民主、平等思想冲击下对儒家的批判，二是重新审视中西方文化并发掘儒家

---

① 陈独秀：《陈独秀文章选编》，生活·读书·新知三联书店1984年版，第89页。
② 李大钊：《李大钊选集》，人民出版社1959年版，第301页。
③ 刘梦溪主编：《中国现代学术经典·陈寅恪卷》，河北人民出版社2002年版，第846页。
④ 郁有学：《近代中国知识分子对传统孝道的批判与重建》，《东岳论丛》1996年第2期。

文化所蕴含的现代价值。主要代表人物有梁漱溟、马一浮、贺麟、冯友兰、徐复观和谢幼伟等。

梁漱溟通过东西方文化对比来重新认识孝道的价值，在《东西方文化及其哲学》一书里，他提出孔子的伦理实含絜矩之道，讲究的是父慈子孝是双方相互的付出，如果单压迫一方就与孔子根本道德不合，这与吴虞的看法根本不同。与西方人的自我观念和功利与理智不同，中国人讲究的是处处尚情而无我。在《中国文化要义》中他明确提出中国文化本质上是孝的文化，甚至一切道德都可以像《孝经》说的那样从孝引申发挥而来。

马一浮将《孝经》提到总括六艺的崇高地位，对孝作了泛化解释，写成《孝经六艺》一书，他认为，《诗》教归善，《礼》《乐》教归美，《易》《春秋》教归真。"六艺"无非讲了"明性道"与"陈德行"两方面的内容，博有六艺，约有《孝经》。吾人性德本身具足，是否能够成为圣贤关键在于是否能够体认并践行此性德。他提出五孝即五德，《孝经》中的天子、诸侯、卿大夫、士和庶人不是今人所理解的阶级地位，而是以爵位名德位。身居五位，为所当为，止所当止，即为行道，即是尽孝，五位之间因业而有所流转，天子可为庶人，庶人可为天子。这种解释即使在现代也是有积极意义的，"在他的诠释之下，尽孝与做好本职工作、格尽责守，几乎成了同义语"[①]。

贺麟对孝道有同情性的理解，能够从传统旧观念里"发现了最新的现代精神"[②]。认为孝道的本质就在于在差等之爱的基础上推广开来，虽然合情合理但也有缺陷和不足，主要是忽视了本身价值高低为准的和以知识或精神契合为准的差等之爱，只局限于亲属之间就会流于狭隘，一旦为宗法观念所束缚，便无法领会其中真义。差等之爱并非止于差等，而是与兼爱并行不悖，由近及远、循序渐进最终达到兼

---

① 郁有学：《近代中国知识分子对传统孝道的批判与重建》，《东岳论丛》1996年第2期。
② 郁有学：《近代中国知识分子对传统孝道的批判与重建》，《东岳论丛》1996年第2期。

爱。他还重新阐释了三纲学说，认为应该站在客观的文化思想史的立场上认识三纲的价值和意义，对于父子关系，如果要求父不父，则子可以不子，家庭关系就会不稳固；如果儿子遵守其分，父不父但子不可以不子，虽然履行的是单方面的义务，但可以使家庭避免陷入循环报复和不稳定的关系中。① 这一点相对于当今社会稳定来讲仍不失具有一定的借鉴价值，但对于照搬西方价值观念要求民主、平等，追求自我个性解放的人来说是很难接受的。

冯友兰对孝道见解集中在《新事论》第五篇《原忠孝》中，他认为传统社会是以家为本位的，孝为百行先就是天经地义的，并非少数人的随意规定，孝道就是一切道德的中心和根本。既然社会已经由以家庭为本位向以社会为本位转变，但在以社会为本位的社会中也不可打爹骂娘，孝仍然是一种道德，只不过不再是作为中心和根本而存在了，那种认为"万恶孝为首"的说法是极端错误的。他提出一种社会中的人的行为只可以用他那个时代的道德标准来评价，如果认为旧日的道德行为不符合自己对道德标准的想象，便断定为没有道德价值或道德价值不足，这种想法也是错误的。

徐复观直接回应了五四时期对孝道的批判，承认孝道思想演变过程中最大的流弊是忠孝合一，五四时期的批判是正确而有必要的。但他认为这不符合孔孟的思想，只是《孝经》里的主张，《孝经》把事父和事君混同起来，君便向臣要求如子与父般对待，以至于君权膨胀专制横行。他在《中国孝道思想的形成、演变及其在历史中的诸问题》中论证《孝经》是伪经，并回溯到先秦孔孟那里去寻找真正的孝道思想。首先他确立了孔子孝思想的意义：孝原是适应宗法政治的需要而产生的，到孔子那里由政治行为变为每一个普通民众所必需的起码行为，由外在的建立家庭秩序的需要变为每个人发自天性之爱的自然流露，由善事父母的普通行为转向最高道德仁之本，把爱父母的

---

① 贺麟：《文化与人生》，商务印书馆1988年版，第59页。

天然感情转化为自觉的道德理性。接着他揭示了孝道对政治的伟大意义所在：与五四时期所认为的家族制度是专制主义的根据看法不同，他提出由家庭扩大化的家族避开了政府的干涉，是专制独裁的真正敌人，家族制度在政治上限制和隔离了专制毒素。

除以上几家外，谢幼伟对孝道的见解也很独到。1942年，他就写了《孝与中国文化》一文，论述了中国文化以孝为根本特质，对中国社会的影响渗透到了家庭、宗教、社会与政治生活等几乎是一切方面，还论述了孝对以后的中国社会和西方文化可能有的贡献。1969年出版《中西哲学论文集》收录了《孝与中国社会》《孝治与民主》等作品，他认为孝治是以在孝道亲亲、敬长、返本、感恩四种意义上发展出的孝德去治理天下；民主政治与孝治之间不存在什么矛盾，不仅无害，而且有益，中国历史上没有民主政治另有原因，不能简单归咎于孝治。

五四前后对孝道的批判是对几千年孝文化沉积的负面因素的清理，是特定历史条件下的自然选择，对于摆脱几千年的封建社会固定化的社会模式、改变社会文化心理结构以及迎接新文化有积极的推动作用，是很有必要而且有价值的，从这个意义上来说，五四已经完成了它的历史使命。但是五四时期的一些对于孝道的批判不免失于偏激，有些矫枉过正，甚至有个别言论对其全盘否定，这是我们继承新文化运动精神时需要警醒的，在这方面新儒家对孝道的反思为孝道在新时代的继承和重建做了不少有意义的尝试，对我们具有启发意义，我们一定要继承儒家的孝道精华，并使之与当下的社会境遇相结合，使我们的社会和文化得到和谐健康的发展。

第四节 思考"移孝作忠"的当代价值

从以上关于"移孝作忠"关系发展与演变的过程的梳理，我们不难看出，在儒家的思想体系里孝为亲亲之爱，虽然与政治统治上的尊尊具有一定关联，但有"义"为原则和底线，使儒家始终高扬着独立的精神价值和追求。忠孝关系的发展演变与思想家的注疏阐释推动有关，更与社会文化结构的变化有直接关系，移孝作忠、模糊忠孝之别是大一统政权高度集中后的产物，在这个过程中"义"的原则被逐渐淡化甚至被忽略，极权统治之下的家国一体、忠孝不分实际是对人个体情感和生活领域的侵占，也对整个社会造成了深重的灾难。这也是当代社会对于孝道传承特别要警戒的一个问题。但是，继承传统文化不是照搬，更要创造性发展。宋明时的偏离正好给当代孝道的发展开出一条新路，对我们应该有所启发。五四时的批判为孝道的发展厘清了历史累赘。新儒家的理论探索对我们创造性地继承孝道提供了有效参照。《孝经》里的忠孝关系对我们仍然有着重要的价值，简单来说有以下几个方面：

其一，不断丰富移孝作忠的新内涵。

在现代性视域下，孝是家庭内的私人情感和道德，忠是对社会公共事务的态度。现代性意味着公共性，现在家庭养老在很大程度上依赖于社会化养老。家庭生活公共性程度日益提高，现代性的程度就越来越高，家与国之间的距离越来越小。

就当下的中国来说，人民当家做主取代了封建极权统治，社会结构和组织方式发生了根本改变。孝依然是父与子之间的关系范畴，忠过去是君与臣之间的德目，忠在新的时代环境下衍生出下级对上级、个人对集体和国家尽职尽责的新内涵。孝与忠的对象分别指向了家庭和集体组织，家庭中的人同时也是集体组织的成员，每个社会成员之间相互联系相依共生形成了命运共同体。与此同时，天地为万物之本，在某种意义上人与天地万物构成了一个命运共同体。现代社会的组织管理方式主要依赖于法律和规章制度，如果这些制度能够得到实施者的认同，从而发挥个人主体性，以个体的情感积极维护并加以落实，那么其效用是不可估量的。对父母的孝作为情感的本源推而广之，将在家庭养成的良好德性扩展到集体、国家、自然，甚至整个人类命运共同体，才能真正实现心学家所向往的此心收摄忠孝，忠孝一体。不忠则非孝，无恩则无义。用对待亲人的真挚之心对待公共事务，用对公共领域的尽心来完成对父母的成全。但这里的前提是要充养对父母的感情，这种感情的联结对现代健康的个体和健全的社会都是非常重要的。

孝与忠的关系问题在现代已经演变为公与私的问题。传统的孝是指对父母亲人的爱与敬，现代的孝依然是爱亲敬亲；传统的忠是臣对君的绝对服从，现代的忠已经变为对国家、集体和个人职守的用心；传统的移孝作忠是将对父母的情感移植到对君王的绝对服从上，现代的移孝作忠本质上是从对自己亲人之爱到对集体之爱的推衍。现代的移孝作忠"移"的过程具有一个关键：是否出于主体意愿？是否被强制？对于广大党员而言，需要战士般无条件忠于党，忠于国家，忠于人民。对于普通民众而言，要忠于职守，体现为核心价值观的爱国、敬业和诚信。

其二，孝和忠作为人类的终极追求。

《孝经》开篇就说"夫孝，德之本也，教之所由生也"，明确了孝的普世意义和终极价值。孝道最接近于天道，被儒家用来协调人与天地、人与社会、人与先祖和子孙之间的关系，以便达到安顿身心，最终实现安身立命的终极价值和意义。

在自然层面，孝是人与后代之间生命链条的联结，通过父子生命相续以及子孙祭祀不辍以解决生命短暂无法永恒的问题。"身体发肤，受之父母，不敢毁伤。"（《孝经·开宗明义章》）通过珍视生命自爱爱人孝养父母，子孙相继身家相守，是实现生命价值的一种方式，立身行道，力求扬名于后世，通过自己建功立业使父母光耀显赫，保证世世代代昌盛不衰是生命最高价值的延伸。

在社会层面，《孝经》力图在现实生活中解决社会各阶层的生命安顿问题，指明了不同阶层行孝的目的、意义以及方法和要求，以多种实现途径几乎解决所有人生命价值问题。五级之孝，各安其命。能在家尽孝则尽孝，能为国尽忠则尽忠，通过立德、立功、立言超越个体生命的有限性，在更大的社会生活空间实现生命价值的不朽。如此看来，孝和忠恰好是个体人生价值得到实现并不断扩展的前后相续的过程。

在精神层面，孝是永恒的超越性的精神追求。最典型的是《孝经》里"孝悌之至，通于神明，光于四海，无所不通"（《孝经·感应章》），其中"神明"一词容易引起误解，被人认为是玩弄玄虚乱搞迷信。儒家自孔子始不言"怪、力、乱、神"，着力于社会问题的解决，回避未知的彼岸世界，强调追求人伦日用所体现出的人生价值和意义。《孝经》中所言都是立足于现实，紧密结合生活，说理透彻，切实可行。"神明"的意思是"天地"，与《礼记·祭义》中的"夫孝，置之而塞于天地，溥之而横乎四海"有异曲同工之妙，这句话实际上是赞美孝道感人至深，无所不包，体现了儒家"天人合一""民胞物与"的天地境界[①]。

总之，《孝经》将孝道有效扩充到了天地宇宙之中，回应了人的终极需求问题，从这个意义上讲，孝并不是统治者强行推进的统治策略，而是基于每一个人内在的生命需求。孝道是天道的体现，是中国人真正的信仰，相对于西方宗教，这种信仰"更具有理性的特点"[②]，使万事万物通过孝这种内在的联系整体上得到了和谐的安顿。

其三，能有效补救现代社会的弊端。

21世纪初，对待孝道重估，依然存在着两种截然相反的观点。一种对孝道持否定态度，认为传统孝道将人格奴化，是封建伦理的中坚，现代社会要实现人格平等以及人的个性充分发展，应该彻底抛弃孝道。另一种持肯定态度，认为敬亲、孝亲是人之为人的根本，在商

[①] 曹小现：《〈孝经〉中的儒家终极关怀思想探析》，硕士学位论文，西藏民族学院，2014年。

[②] 朱翔非：《新孝道》，京华出版社2011年版，第25—26页。

品经济发达的今天，人们重功利、轻伦理，尤其需要弘扬孝道。

很多社会问题说到底是家庭问题，家庭问题是否能够得到圆满解决直接影响到人的生存质量。现在很多人在单位内对领导对上级毕恭毕敬，回到家动不动就对父母发脾气，切莫说"孝"与"忠"孰大孰小，对父母的态度赶不上对一个外人的尊敬谦和，连好好说话这样起码的要求都做不到。我们不是要像传统那样移孝作忠，而是要反过来做，移忠作孝，如果能够做到对待父母像对待领导一样就算是孝贤了。所以，在社会化养老为个人承担了部分孝养父母责任的今天，我们有必要重新看待与父母之间的关系，懂得感恩，珍惜父母与子女之间的亲情。

反过来，家庭中缺少孝道教育对现代意义上的忠也有影响。同样是管教孩子，打骂的教育方式以前从来没有像今天这般受非议，以前人们通常认为"打是亲，骂是爱"，"棍棒出孝子"。虽然父母文化水平不高，教育方式简单粗暴，但是孩子大都跟父母感情很好，而且还很孝顺，经常惦记着父母。相反七八十年代以后出生的人，父母对他们的成长竭尽全力，很多人成年以后不愿意和父母经常住在一起，即使自己有了孩子也能够体会到父母的艰难，但和父母待上几天就会有矛盾冲突。与此同时，媒体还屡屡曝出杀父弑母的事件。很多人将这一现象归咎于中国传统的简单粗暴的教育方式和不健康的亲子关系，提出要尊重孩子，站在孩子的位置去思考问题，这当然能有效缓解一些具体问题，有助于父母履行好"慈"。但是我们的家长教育理念和教育方式越来越先进，棍棒教育越来越少了，做子女的却越来越脆弱了，连父母老师的责备都难以承受，受点挫折打击动辄就离家出走甚至跳楼自杀等，真是陷父母于不义。这就说明缺少孝教育，家庭生活中个体意识就会过于突出从而导致缺少集体意识，不仅亲子关系问题不可能从根本上得到解决，还会影响到子女未来在社会上处理人际关系和工作关系的态度。

另外，现在国家培养的很多优秀人才出国就不愿意回国了，或为国外优厚的待遇所吸引，或为所谓个人更好的发展空间，更有甚者，为国外反动势力所利用做了危害国家和民族的事。其中，不少人受了西方文化的影响，不再有孝养父母的意识，不懂得返本报始，致使很多学霸父母孤独终老，到头来要依靠我国政府部门和相关机构来照料老人。如此多的"精英人士"不忠不孝，真的让人扼腕叹息！

第四章 《孟子》中孝道的情与义

孝道注重父母和子女之间的感情，后从家庭领域向公共领域延伸的过程中，家庭领域的私情和公共领域的公德在具体情境下时有相互冲突的情况发生，站在维护社会公德的立场来看家庭孝道不免有非议，如果能用"情"与"义"这一视角重新来审视孝道，传统孝道就容易在当代新时期历史条件下得到新的发展。

"情"与"义"对于孝道研究来说是一对重要的范畴，"循情由义"对于孝道发展而言应该是一种比较理想的状态，但先秦思想家在使用这些字眼的时候内涵也有所不同。荀子将"情"和"义"放在一起论述的时候，"情"代表的是个体自然感性欲望，"义"代表的是道德伦理和礼仪形式，"义"主要是来调和和平衡个体内心欲求和外界满足以及社会人伦之间的关系。[①] 现代人比较容易接受荀子对于"情"与"义"的论述，相比之下，孟子关于"情"与"义"的关系没有专门论述，具体到孝道，多受诟病，被认为相对于孔子、曾子和子思的孝道精神而言，"不表现为哲学和伦理学意义上的进步"[②]。需要注意的是，孟子面对的几个特例是难于回答的极端问题，不代表生活的常态。如果仅仅揪住这几个特例来对孟子的孝道思想轻易下结论

---

① 毛新青：《荀子"情义"观探析》，《管子学刊》2011年第2期。
② 曾振宇：《孟子孝论对孔子思想的发展与偏离——从"以正致谏"到"父子不责善"》，《史学月刊》2007年第11期。

难免会以偏概全，因此很有必要将孟子的孝道观放在"情"与"义"的范畴内重新加以认识。

第一节 《孟子》中的"情"与"义"

一 何为"情"

"情"字在《孟子》中前后共出现4次，每个的具体含义都有不同。

第一次是在《孟子·滕文公章句上》中出现，"夫物之不齐，物之情也"，是孟子与改从农家的陈相关于贤者是否该与民众"并耕而食，饔飧而治"的问题进行了辩论而提出的社会分工的必要性和合理性。赵岐将"情"解释为"物之情性也"[①]，跟"性"联系在一起，有天性、才质之意。朱子并没有针对此处的"情"字作解释，只说"物之不齐"是"自然之理"[②]，也就是可以解释为是物的自然本性或者客观情形、自然规律等。孟子所说的性善是说人与人之间先天上并没有差异，是一个道德判断，是应然，但后天才情有差异，是实然，这就需要个体不断修养性情，提升道德素养，将实然变为应然。

第二次是在《孟子·离娄章句下》中："故声闻过情，君子耻之。""情"在这里是情实、实情的意思。孟子的学生徐辟对孔子称赞大水之德不甚明了，请教孟子，孟子告诉他大水出自源泉，日夜奔流，填满了低凹不平的地方继续向前流，直到大海。孔子赞美的是水这种永不枯竭的本源，不像七八月间的暴雨，虽然可以一下子灌满大小沟渠，但也会一下子就枯竭。以此类比，声望名誉超过实际才德，君子就会感到羞耻。《韩诗外传》中孔子对水的称赞主要是赞美水的无私、仁爱、正义、智慧、勇气、明察、容忍、善于化育、公正、有

[①] （清）焦循：《孟子正义》，中华书局1987年版，第399页。
[②] （宋）朱熹：《四书章句集注》，中华书局2011年版，第244页。

节度、坚毅等美德，孟子则偏重于大水永不枯竭在于其本源。此处的"情"指情实，意在说明人的德性源头就在于上天赋予人的善性，需要不断扩充、存养，践行善道也只是君子真性情的自然流露，不是为了博取好的名声。①

第三次是"情"与"四端"相联系。所谓"四心"指恻隐之心、羞恶之心、辞让之心、是非之心，实际是四种感情。乍见孺子将入于井而升起的怵惕恻隐之心，是瞬间自然而然涌起的情感，是谓仁之端。羞恶之心，是个体具有的一种本能的道德反应能力，能对自我的行为进行反观，自觉不当而感到羞耻，同样地，对他人的不当行为也有一种本能的厌恶之情，或是面对"不忍"不采取行动而产生的羞恶反应②，此之谓义之端。辞让之心是为在某种情境下存在的他人考虑的一种意识，譬如孔融让梨，以己所好思量他人所好，而不是心中只有自私自利的想法，所以用恰当的方式将自己的这种为他人考量之心呈现出来就是恭敬，此之谓礼之端。是非之心，是明辨是非、判断善恶之心，肯定善、批判恶，这也是一种情感表达，背后有"道德意识的支撑"③。这些情感都是"性"之所在，是"不学而知""不虑而能"的"良知""良能"，不是理性判断的结果，而是一种先天的道德观念和道德能力。

第四次是《孟子·告子章句上》中和公都子讨论人性善恶问题时孟子提到的"乃若其情"。当时对人性善恶的看法一种是以告子为代表的人性无善无恶论，以人的自然本能为性。有人认为有的人之性有先天为善、先天为恶的不同，还有认为人性可以为善也是为恶。公都子认为这些说法都有道理，但是与孟子的性善论不同，因而有疑惑请教老师。孟子说的"乃若其情"就是从天生的性情上来说都可以是善

---

① 方莉：《孟子"情"观念研究》，硕士学位论文，南京大学，2013年。
② 邵显侠：《论孟子的道德情感主义》，《中国哲学史》2012年第4期。
③ 方莉：《孟子"情"观念研究》，硕士学位论文，南京大学，2013年。

良的，至于有些人不善良不能归罪于天生的资质。朱熹将"情"解释为"性之动也"①。由于性本善，"情"只能为善不能为恶，人有不善是物欲陷溺所致，不是出于自性，因此要为寻求丢失的本心涵养性情，性善要经过主体求得的过程才能表现为善。

由以上分析可见，孟子思想中对"情"的理解不同于我们平常所说的情欲，而是与性善相关的来自天性的至纯至真的德性之源，是先天的道德观念和道德能力。人为善的倾向性是人之所为人区别于动物的本质特征，但是这一善端需要不断充养，求则得之，舍则失之，因此要不断加强个体修养，力求复性之本。

二 何谓"义"

相对于"情"论述得有限，孟子对"义"的表述就充沛得多，《孟子》一书中"义"字出现108次之多。"义"的实质和内涵有代表性的可以归纳为以下几种说法：

（一）从兄说

《孟子·离娄章句上》中有："仁之实，事亲是也。义之实，从兄是也。"朱熹解释为："仁主于爱，而爱莫切于事亲。义主于敬，而敬莫先于从兄。"② 他认为仁义之道虽至大至广，但无非是从事亲从兄的最真切处推而广之，立论之处在于有子之言"孝悌也者，其为人之本与"（《论语·学而》）。朱熹对"实"字的解释接近于"根实"之"实"，而非"实质"之"实"，偏离了文意，是经不起推敲的，对此学界颇有异议。然而，自孔子以来儒家都视"事君"为"人之大伦"，《论语·微子》中子路在孔子周游列国求仕时遇到隐者的讥讽，答之以"君子之仕也，行其义也"。孟子同样将君臣大义看成人之大伦，类似"仁之于父子也，义之于君臣也"（《孟子·尽心章句下》）

---

① （宋）朱熹：《四书章句集注》，中华书局2011年版，第307页。
② （宋）朱熹：《四书章句集注》，第268页。

的表述颇有几处，但都不是把"君臣大义"作为"义"之"实"，而是把"从兄"作为"义之实"。所以就连朱熹的学生也有疑问，既然父子兄弟之间"皆是恩合"，为什么单要说"从兄为义"？"事之当为者皆义也，如何专以从兄言之？"① 另一个弟子问既然"五典之常，义主君臣"，为何"君臣之义"非"义之实"，偏要说"从兄"为"义之实"？《朱子语类》中朱熹并没有给出明确的解释。有学者认为，孟子"义"中平等色彩较为鲜明，等级色彩较淡，突出表现在他对"敬君"的态度上不是强调对君主的"忠"，而是要像"舜之所以事尧者事君"（《孟子·离娄章句上》）。孟子的立场是"以贤抗势"，他批评"以顺事君"和"尊君卑臣"的思想观念，坚持的是贤王与贤士忘势相交的"以道德为政治之前提而又君臣人格平等"的"君臣之义"②，是一种兄弟朋友式的关系，这是他"从兄"为"仁""义"之"实"，"言必称尧舜"的根本原因。③

（二）人路说

《孟子》中将"义"解释为人路有多处：

《孟子·告子章句上》中将"义"解释为"人路也"。朱熹将"义"解释为"行事之宜"，将"人路"解释为不可须臾而舍的"出入往来必由之道"④。但事实上人们总是"舍其路而弗由"，不走正路，"放其心而不知求"，因此学问之道就是求其"放心"，下学上达。

在《孟子·离娄章句上》中将"仁"解释为"人之安宅"的同时将"义"视为"人之正路也"。人欲有正邪，故路有不同，唯有"义"是人走正路的保障。但人总是容易弗居安宅、不由正路，甚为

---

① （宋）黎靖德：《朱子语类》卷56，朱杰人等主编《朱子全书（15）》，上海古籍出版社、安徽教育出版社2010年版，第1823页。
② 田探：《孟子"从兄"说义理发微》，《社会科学研究》2018年第6期。
③ 田探：《孟子"从兄"说义理发微》，《社会科学研究》2018年第6期。
④ （宋）朱熹：《四书章句集注》，中华书局2011年版，第312页。

可哀。为人不能居仁由义,是谓自暴自弃。

在《孟子·万章章句下》中,万章求教老师士人不见诸侯还哪里称得上什么"义"呢?孟子说作为普通老百姓如果没有向诸侯送上拜见的礼物而成为他的臣属,就不应该贸然拜见,这是礼规定的。百姓和士人的身份不同,应尽的义务也不同,百姓去服役合乎义,而士人去谒见诸侯,却不合乎义。国君要召见庶人、士和大夫所用的礼仪形制不对,被召见的人就不能去,最后总结出君子行为的准则:"夫义,路也;礼,门也;惟君子能由是路,出入是门也。"孟子主张士人积极出仕,但必须保持独立人格,防止为权力异化。

在《孟子·尽心章句下》中对"义"的界定仍然是在"不忍人之心"和"有所不为"的基础上来界定的,"人皆有所不为,达之于其所为,义也"。自我节制对于保存内心的善非常重要,人不忍心做伤害别人的事就有了仁爱之心,将这种不忍人之心扩充到该做的事情上去就是"仁"了;有所不为就是不做不符合内心良知的事情,将这种有所不为之心扩充到该做的事情上去就能达到真正的"义"。这是在道德实践中对"从小体"的耳目之欲自觉抵制,"保证了性沿着自身向善的方向前进,而尽最大可能地摆脱感官所产生的偏离引力,同时可以在获得感性肉体利益的同时形成一种自我的限制和推让的行为"[①]。

由此可见,所谓"义"为人路,是正确的价值观,是善,是原则,是"由仁义行而非行仁义"(《孟子·离娄章句下》)。要做到"义"就要听从内心的原则,做该做的事情,不做不该做的事情,真正懂得有所为和有所不为。

(三) 仁义并用说

《论语》中早就提到了有关"仁"和"义"的问题,没有将其并称,《左传》和《国语》中有连用对举,但只有到了孟子那里"义"

[①] 周海春、荣光汉:《论孟子之"义"》,《中国哲学》2018年第8期。

的重要性上升，才与"仁"并用：一个人只要不自暴自弃自然会由仁义而行，"吾非礼义，谓之自暴也；吾身不能居仁由义，谓之自弃也。仁，人之安宅；义，人之正路"（《孟子·离娄章句上》）。仁义并非外在的而是出于内心的自性"由仁义行，非行仁义"（《孟子·离娄章句下》），二者关系非常密切，"仁，人心也；义，人路也"（《孟子·告子章句上》）。二程就说："孟子仁必以义配。盖仁者体也，义者用也，知义之为用而不外焉者，可与语道矣。"① 孟子的四端次序是"仁"居首位，"义"居其次。"仁"是体，"用"是对"仁"的实践、践行。"仁"是源自过去时代较小族群内部的亲亲之爱，"义"所表达的是族群外部的君臣关系和秩序，是不断扩大的国家对正义和合理秩序的诉求。孟子所强调的是二者都源于心，但"仁"更趋向内在的心灵，"义"则多与"普遍的理、外在的世界和现实的行动相关联"②。

（四）理义共举说

《中庸》中有"义者宜也"，将"义"解释为"宜"。《荀子》中有"义者，理也"，将"义"解释为"理"。《孟子》中"理"出现了3次，基本是条理、道理的意思，"心之所同然者何也？谓理也，义也。圣人先得我心之所同然尔。故理义之悦我心，犹刍豢之悦我口"（《孟子·告子章句上》）。孟子将"理"与"义"都看成了心所同然的产物，程子认为在物为"理"，处物为"义"，也是体用关系，义理皆能悦心如刍豢之悦口。③ 戴震把这里的理与义解释为："举理，以见心能区分；举义，以见心能裁断。分之，各有其不易之则，名曰理；如斯而宜，名曰义。"④ "理"对于心是可以区分的原则，"义"

---

① （宋）程颢、程颐：《二程集·河南程氏遗书》，中华书局1981年版，第74页。
② 陈锐：《论孟子的仁义概念及亲亲相隐问题》，《杭州师范大学学报》（社会科学版）2017年第2期。
③ （宋）朱熹：《四书章句集注》，中华书局2011年版，第309页。
④ （清）戴震：《孟子字义疏证》，中华书局1982年版，第3页。

对于心是可以裁决的理性判断。总的来说,"理"与"义"是相互联系的,"义是建立在理的基础之上的理性判断与理性选择"①。

从以上分析可见,"义"在孟子那里得到了弘扬,从而也有了多重特殊的意义,可以说"义"是源自内心的普遍规则、理性判断和理性选择,以"有所为"和"有所不为"作为外在表现,不仅是个人的道德原则,也是国家层面的政治平等和政治公义的体现。

总之,"羞恶之心"首先是感情,同时是"义"之端。朱熹将"端"解释为"绪",是性之本然,"犹有物在中而绪见于外也"②。朱熹此处的解释是想说明"义"与人善的本性相关联,"义"隐含在羞恶之心中,羞恶之心是"义"的显现。根据清代段玉裁《说文解字注》"端"除了"直"的意思外,还有开端之意,假借义是"端绪"。《汉字源流字典》中"端"的意思是正,引申为"直",后用作动词。"耑"的意思是事物的某一头,用作"开头,两端"。"端"字本没有开头的意思,用作"头绪、开头"时,是"耑"的假借字。如果将"端"字解释为"开端"也未尝不可,虽然"情"与"义"很难从时间先后上加以区分,但"义"由"情"生,"义"代表了责任和义务。通常,因为完成了"义"的使命,会伴随着道德快感,没有履行"义"会带来道德上的谴责。因此,"义"的形成还需要在此感情基础上进一步得到呵护、发展和提升。同时"义"抽象到了准则、规范、正义的高度,以此来引导、规范着"情"。厘清了这些范畴之后,再来看孟子的孝道就能明白其孝道理论是怎样架构起来的。

第二节 《孟子》孝道的理论展开

情与义在中国传统人伦中占有非常重要的地位,中国人通常用中

---

① 王永灿:《论孟子之"义"的三重哲学意蕴》,《内蒙古师范大学学报》(哲学社会科学版)2013年第5期。

② (宋)朱熹:《四书章句集注》,中华书局2011年版,第221页。

庸之道来看待和处理这些问题，要求做事力求达到有情有义、合情合理的标准才算是比较合适的度。孝道亦建立在这样的理论基础之上。

孟子强调孝道的先验特性，理论依据在于建立在"心性"学说基础上的道德形而上学。孟子通过对"四端之心"的"心之善"来论证"性之善"。心是内在性的，不是外界强加于人的，"求则得之，舍则失之"。同时，心也是超越性的，人之性是上天规定的。所以，尽其心能知其性，反过来，知其性则知天矣，心性为万事万物的本体。"心""性"和"天"的一致性构成了儒家的道德形而上学，是仁义礼智等现实道德规范的终极依据，人心莫不具备全体大用，然而却由于被遮蔽而不能穷理尽性，所以要存心养性以事天。

孝道同样也来自人的天性，"孩提之童，无不知爱其亲者"（《孟子·尽心章句上》）。同时，孝发自人内心的先验本质，是与生俱来的先天赋予人的善良本性，属于"良知""良能"，是"不虑而知""不学而能"的，并不需要作为外在的社会道德规范而被动地接受，而是理应成为人们内心的道德原则，主动地自觉承担。现实生活中有些人不行孝道，丧失了善良的本性，是由于受到了形形色色的欲望诱惑所致，需要通过外在的教育来熏陶教化，所以学问之道的最终目的也是求其"放心"，包括礼乐教化在内，其实都是为了唤醒本心本性，强调依靠人内心的自觉力量来指导外在的行为，而不是用外在的规范来强制约束人的行为，这种内心的自觉力量就是孟子所谓的"情"，不同于我们平常所说的情欲，是与性善相关的来自天性的至纯至真的德性之源，是先天的道德观念和道德能力。情感在孝道中具体表现为：

一　侍亲为乐

相对于西方哲学的重理传统，中国先秦时期的哲学思想有很重的主情色彩。情感作为个体生命中的最高真实，在孟子那里就成了难以轻易取代的价值性内容。孟子认为"君子有三乐"是"王天下不与存焉",即使以王道得天下都是没法与之相提并论,其中排在第一位的"父母俱存,兄弟无故"《孟子·尽心章句上》。其中的典型例子便是舜,虽然尧帝通过联姻赐予了他尊崇的地位,以"百官牛羊仓廪备"来侍奉他,甚至"天下之士多就之者,帝将胥天下而迁之焉"(《孟子·万章章句上》),舜得到了一般人所难以企及的权位、美色、财富、尊贵等,个人价值得到了最大程度的实现,然而这些却因没能顺于父母不足以解忧。朱子解释说:"言常人之情,因物有迁,惟圣人为能不失其本心也……非圣人之尽性,其孰能之?"① 可见,在孟子看来,孝亲远远超越了世俗功利之"欲",不会因为种种条件的改变或者说是借口而有所变化,是为人子者尽心尽性的充分表达。所以,他高度赞扬了舜能够"大孝终身慕父母,五十而慕者,予于大舜见之矣"(《孟子·万章章句上》),并且对舜成为天子以后依然恭谨对待父亲而大加赞赏。这种孝亲之情是置于胸怀,一刻也不能怠慢的,是融于生命与生命共始终的存在本体。

基于这样一种孝对于生命意义的理解,孝在孟子看来是在完成物质奉养基础上走向情感深处的尽心尽力。物质奉养是最低要求,他与孔子一样更强调的是对父母的尊敬:"孝子之至,莫大乎尊亲。"(《孟子·万章章句上》)养、爱、敬是三位一体的:"食而弗爱,豕交之也;爱而不敬,兽畜之也。"(《孟子·尽心章句上》)同样是事亲,孟子曾经比较了曾子与曾元事亲的不同,对孝进行了更深入的探讨。一般人容易断章取义地认为曾子事亲承顺其意,是"养志"之孝,曾元事亲以饮食奉养其口欲,是"养口体"(《孟子·离娄章句上》)之孝,这样看来问题就出在了尽孝的方式上。但这段文字前还有一段话是观点性的,孟子比较事亲与守身哪一个更重要时,明确提出"守身为大","不失其身而能事其亲者,吾闻之矣;失其身而能事其亲者,吾未之闻也。事亲,事之本也;孰不为守?守身,守之本

---

① (宋)朱熹:《四书章句集注》,中华书局2011年版,第282—283页。

也"(《孟子·离娄章句上》)。曾子、曾元养亲只是为了说明这个观点的,如果单单从"养志"与"养口体"方面来看,这段文字看起来与前边的观点不搭。孟子原意是要从孝子主体方面来强调守身重于侍亲的。曾子性情笃厚,以酒肉奉养曾皙,顺父心志将余下的分给他人,为人诚实,讲究信义。曾元不然,酒肉有余,不肯分于他人,谎称无余,自私为己,这样即使从物质上奉养了父亲,从德行上讲未必"守身"。出于私欲而破坏了人性之至善至纯,这种奉养在孟子看来未必算得上奉养吧?只有做子女的以至纯至孝之心侍亲,以孝敬父母为乐,也让父母从子辈的尽孝里感受到快乐,一家人其乐融融。此可谓下行上达,尽性知命。

二 丧葬为大

丧葬之大,源乎于情。孟子从历史的源头上来讲,上古大概有不葬其亲者,亲死后弃之于山沟。他日路过,见"狐狸食之,蝇蚋姑嘬之",实在不忍心看到这般景象,就回家拿工具把尸体埋葬了。在孟子看来,之所以要埋葬亲人,是因为看到亲人被动物吞噬而冒汗的内心不自在,"夫泚也,非为人泚,中心达于面目",是不忍人之心,属于内在于心的情感驱动力,所以要掩埋尸体,"掩之诚是也,则孝子仁人之掩其亲,亦必有道矣"(《孟子·滕文公章句上》)。所以说,仁人君子葬亲也是依道而行,具有非常重要的意义,甚至说"养生者不足以当大事,惟送死可以当大事"。朱子解释说:"事生固当爱敬,然亦人道之常耳;至于送死,则人道之大变。孝子之事亲,舍是无以用其力矣。故尤以为大事,而必诚必信,不使少有后日之悔也。"[①] 因为事生亲人是有反馈的,但是事死亲人是没有反馈的,所以只能"无以用其力",只能竭尽全力毕诚毕信,以免日后后悔,可见孟子对丧葬的重视。

---

① (宋)朱熹:《四书章句集注》,中华书局2011年版,第272页。

具体来说，体现在时间上，孟子与孔子一样非常看重三年之丧，也是基于"三年不离于父母之怀"感情的考虑。滕文公遇父之丧，求教于孟子，孟子告诉他要服三年之丧，当时礼崩乐坏已久，人心不古，滕文公的做法遭到了父兄百官的反对，但是他还是顶着压力遵照孟子的话做，远近见闻无不悦服，由此可见诚心居丧对人心的教化作用。

体现在方式上，孟子是主张厚葬的，但跟孔子一样并不是一味地强调奢华，"非直为观也，然后尽于人心"（《孟子·公孙丑章句下》），尽心很重要，另外，有人责备孟子前丧和后丧不同，孟子提出丧葬标准也是根据个人境遇，要在财力能力可以承担的范围之内。针对墨家弟子主张薄葬而信徒夷子却私自厚葬其亲，孟子直指其要害，说明夷子拿他所轻贱的来对待他父母是不对的。他这样依照内心的情感行事就违背了信奉的学说，结果造成身心分离，自相矛盾。由此可见，丧尽礼，祭尽诚，孝子之心方能备矣。

三　防止损伤亲情

（一）防止私欲破坏情感

情感在本体上与人性一样至高至善，但受到私欲的干扰，难免具体化后呈现种种复杂状况，出现一些不当的孝亲行为。孟子反对放纵个人私欲而导致的所谓五种不孝："惰其四支，不顾父母之养，一不孝也；博弈好饮酒，不顾父母之养，二不孝也；好货财，私妻子，不顾父母之养，三不孝也；从耳目之欲，以为父母戮，四不孝也；好勇斗狠，以危父母，五不孝也。"（《孟子·离娄章句下》）为人子女如果自私自利而四肢怠惰懒散不勤，放纵自我贪求耳目之欲，贪财好利，偏爱妻室儿女不管老人，好勇斗狠危及父母，都不能很好地奉养父母，甚至让父母蒙羞，这些行为都是忘记父母养育之恩，没有尽到人子之责，都是不孝之举。父子之间的关系要以仁义为本，不应该"怀利以事其父"（《孟子·告子章句下》）。如果父子关系建立在利益的基础上，难免会伤害感情。也不应该不以廉而远其亲，像陈仲子以兄之禄为不义之禄而不食，以兄之室为不义之室而不居，结果离群索居，"辟兄离母，处于于陵"（《孟子·滕文公章句下》），这种极端主义思想的执着导致行为本身是荒唐可笑的，除非蚯蚓才能成为绝对不求助于他们的廉洁之士。为了个人的某种荒唐信念而行为不合人之常情，也同样会破坏父母和子女之间的亲情。

（二）防止责善伤害情感

孟子跟一个举世皆认为不孝的匡章相交甚好，甚至为章子辩护，说他不属于世俗所谓的不孝之列，而是由于"责善"其父导致父子感情破裂而分居。"责善，朋友之道也"（《孟子·离娄章句下》），相互忠告，挑挑毛病，长善救失，但是父子之间这样做，就会导致父子反目成仇，感情破裂。所以说父子之间责善则离，"离则不祥莫大焉"（《孟子·离娄章句上》），就是违背了不伤害情感的原则。孟子在与公孙丑谈论"君子之不教子"的原因时，进一步说明了在家庭关系中亲情至上。古人不亲教，选择易子而教就是因为"势不行也"（《孟子·离娄章句上》）。朱子注解进一步说明"教子者，本为爱其子也"[1]，教子的目的本来是爱孩子，讲正面道理无效时容易发怒，会损伤父子感情，孩子反过来会拿此道理苛责父母不以身作则自行正道，从而孩子也伤了父母的感情。所以"古者易子而教之"这样用来成全父子之恩，亦不失其教。在朱子注里又引用了一个问题，既然说责善是朋友之道，那么说"父有争子"是何道理？所谓争者，是当不义则争之，而非责善，"当不义，则亦戒之而已矣"[2]。《周易·益》曰："君子以见善则迁，有过则改。"面对不义行为，属于道德底线问题，父子之间应当争之，以求改过。但改过容易迁善难，需要日常生活中时时砥砺，要想不伤害感情就需要两全之策了。

---

[1] （宋）朱熹：《四书章句集注》，中华书局2011年版，第265—266页。
[2] （宋）朱熹：《四书章句集注》，第265—266页。

四　自觉把守道义

在感情基础上还需要"义"的进一步呵护、发展和提升。同时作为准则、规范、正义的"义"引导、规范着"情"。在"事亲"和"守身"哪一个为大这个问题上，孟子（《孟子·离娄章句上》）中明确指出"守身"为大，虽然二者都很重要，事亲为事之本，守身为守之本。朱子在此处注中解释为"守身"意为持守正身，以免陷于不义，其重要性在于"一失其身，则污体辱亲，虽日用三牲之养，亦不足为孝矣"①。为人子女者如果不能始终保持正身，就会让父母因为自己的操行而蒙受羞耻，这是无论用什么孝行都无法挽回的。因此孝道的前提是必须守身，"守身"便与"义"产生关联，要遵循着"义"的原则。

推而广之，孝除了在个人道德层面成为向善的自觉约束力和推动力外，同时会形成一种社会控制力，从而能有效提升社会道德水准，这就是孟子的孝道与王道德治紧密相连的孝化天下思想。尧舜之道是孟子推崇的政治理想，实现的途径并非遥不可及，"尧舜之道，孝弟而已矣"（《孟子·告子章句下》）。孝悌是行王道德治的先决条件和重要手段，但前提必须是保证民众基本的生存条件，君王要"制民之产"，使民众生活"乐岁终身饱，凶年免于死亡"，保证"老者衣帛食肉，黎民不饥不寒"，只有这样百姓才能"修其孝悌忠信"（《孟子·梁惠王章句上》）。因为有了恒产方才有恒心，然后可以孝化天下，典范就是舜尽事亲之道对天下风俗伦理有着敦化作用，"瞽瞍厎豫而天下之为父子定"（《孟子·离娄章句上》）。

总之，在孟子那里情感作为个体生命中的最高真实，成了无法取代的价值性内容。他的理论依据是建立在"心性"学说基础上的道德形而上学，是与性善相关的来自天性的至纯至真的德性之源，是先天

---

① （宋）朱熹：《四书章句集注》，中华书局2011年版，第266页。

的道德观念和道德能力。情感在孝道中具体表现为融于生命与生命共始终的尽心事亲行为。情感在本体上与人性一样至高至善，但受到私欲的干扰，难免呈现种种复杂状况，出现一些不当的孝亲行为，所以要防止私欲破坏情感，要防止责善伤害情感。在感情基础上还需要"义"的自觉把守，孝道的前提是必须守身，要遵循着"义"的原则，从而进一步推广开来实现孝化天下的政治理想。

第三节 "情""义"的冲突与协调

孝出自感情，感情要由"义"作指引，"义"要有感情做基础。"情"与"义"多数情况下能一致，但有时"情"与"义"难免会有冲突，典型的类似亲亲相隐的问题，我们是否可以要求为了公共利益牺牲私人情感利益？为保证"情"与"义"一致该如何去协调？

一 "情"与"义"的冲突

（一）"情"对"义"的妨害

很多论者认为，在孟子看来，父子人伦亲情高于一切，甚至可以为了父子人伦亲情而摒弃社会法律制度，这种观点很容易为今人所诟病。

孟子的学生桃应就假设了一个刁钻的问题："舜为天子，皋陶为士，瞽瞍杀人，则如之何？"（《孟子·尽心章句上》）孟子回答说当然是按照规定逮捕他了，舜既然不会利用职权加以袒护，那怎么做才算是对得起父亲呢？孟子给的答案是弃天下犹弃敝屣，窃负而逃，隐居起来，乐而忘天下。朱子将其解释为这是侧重讲舜之心"知有父而已，不知有天下也"[1]，因为士者为天理之极，心中只有法律，不管天子之父为尊；而为子者心里父比天下更重要，此处与舜"惟顺于父母

---

[1] （宋）朱熹：《四书章句集注》，中华书局2011年版，第336—337页。

可以解忧"相互生发。朱子认为:"学者察此而有得焉,则不待较计论量,而天下无难处之事矣。"① 一般人认为孟子将血缘亲情置于超越社会公义的至高无上的地位,甚至为了血缘亲情不惜牺牲社会公义。这在我们当代持社会公义高于一切观点的人看来,显然是很难接受的。

本来这是一个二难选择,维护血亲感情就妨碍了社会公义,履行了社会公义就放弃了家庭亲情。孟子并不是要牺牲社会公义,他的解决办法是让舜先履行社会公义,然后放弃社会职责来履行家庭责任,这种折中的办法在有些人看来是"表面上试图让舜兼顾忠孝,但实际上两者仍然对立,它们是不可能同时存在的"②。但无可否认的是,在孟子那里,这种情况下舜作为天子虽然没有丧失公义的原则,但作为人子"窃负而逃"说明感情的原则是高于公义的原则,孔子有关"亲亲相隐"的事例也是遵循着这一原则,这是中国古代法律制度中长期存在的一个"亲属容隐"原则。这个所谓的问题在当今社会已不再是一个难以解决的问题,天下是天下人的天下,不再是个人和家族的天下,所以公共领域事务按照公义原则来处理,家庭领域事务则按照亲情原则来处理,如果二者还有冲突,则采取适当回避的原则来处理。

(二)"义"对"情"的异化

不少人认为,"父子之间不责善"这一命题标新立异,过于强调"顺亲""事亲",为彰显父子人伦亲情而漠视社会法律制度。孔子主张父母亲有过错子女应劝谏,曾子进而提出了以义辅亲的"谏亲"原则,如果毫无原则地顺从父母,则是陷父母于不义,反而不合乎孝道。荀子思想中最高价值理性是道义,认为人们不可无原则地迎合父

---

① (宋)朱熹:《四书章句集注》,中华书局 2011 年版,第 336—337 页。
② 陈锐:《论孟子的仁义概念及亲亲相隐问题》,《杭州师范大学学报》(社会科学版) 2017 年第 2 期。

母意志而牺牲价值理性,提出"从道不从君,从义不从父"。因此,孟子孝论在家庭伦理层面削弱了孔子、曾子与子思的孝道精神。① 难怪有人诟病原生儒家的孝论精华到孟子那里已经式微,代之而起的则是无条件之顺从。②

孟子深得孔子中道思想,究竟该怎样认识孟子的这些"极端"思想呢？其实孟子的这些"悖理"主张主要是服从并服务于性善论,还需要结合他的政治哲学去理解。

孟子的"性善"说则是其全部思想的理论基石。孟子认为仁、义、礼、智是本根于人内心、与生俱有的善性,如果保持这种天性不变,就可引导人们的思想和行为不断向善。"孩提之童,无不知爱其亲者；及其长也,无不知敬其兄也。亲亲,仁也；敬长,义也。无他,达之天下也。"(《孟子·尽心章句上》)孟子以"孝"作为扩充天生善性的切入点,是最为切实的途径。作为最基本的家庭伦理关系,"孝"与每个人是最为切己、熟悉的,且贯穿人伦日用之中,最为简单易行。③ 所以,孟子认为"孝"对每个人来说都是可能的可行的,人人皆可成为尧舜,原因是人人都可通过自己的"孝"行彰显并不断扩充本性之善。"孝"既然在儒家伦理中是作为人之为人的天性中的本然存在,那么"孝"就拥有了绝对高于一切现实存在的价值。就这样,在孟子的理论体系中"情"先于"义","孝"自然高于法律和人为的是非划分。

值得我们注意的是,与《孝经》里"君子之事亲孝,故忠可移于君"的思想不同,孟子大力倡导"父子之间不责善"的同时,又提出了君臣之间要"相择以善"。孟子在回答齐宣王关于"贵戚之卿"

---

① 曾振宇:《孟子孝论对孔子思想的发展与偏离——从"以正致谏"到"父子不责善"》,《史学月刊》2007年第11期。

② 曾振宇:《孟子孝论对孔子思想的发展与偏离——从"以正致谏"到"父子不责善"》,《史学月刊》2007年第11期。

③ 崔朝辅:《孟子"孝"论》,《廊坊师范学院学报》2015年第3期。

与"异姓之卿"的区别时提出,贵戚之卿"君有大过则谏;反复之而不听,则易位";异姓之卿"君有过则谏,反复之而不听,则去"(《孟子·万章章句下》)。齐宣王与孟子讨论臣下是否该为旧日的君王穿丧服,孟子的回答是取决于君王对待臣下的态度,君对臣"三有礼"则为之服丧,若君对臣如"寇仇"则"何服之有"(《孟子·离娄章句下》)?显然,在孟子看来,君臣关系是暂时的、对等的、可以选择的、朋友式的可以责善的关系,不同于父子之间永恒的、等级的、无法选择的、不可责善的关系,甚至"继世以有天下"之君,只要失乎丘民都可以被废黜。因此,在徐复观看来,孝道不是专制主义的维护者,反而对专制主义形成了一种制衡。他根据"《书》云:'孝乎惟孝,友于兄弟,施于有政。'是亦为政"(《论语·为政》)这句话,提出这句话代表了对家的自觉,使庶人通过家建立自己的生活基点,获取自己的需要,对家的价值的承认,能在一定程度上减轻对政治的依附,对政治起到制衡作用的正是以孝道为核心的家庭。① 古代法律中的容隐制度等也是对家庭伦常的保护,使其免受来自政治制度层面的侵袭。这都可以看出孝悌之道及家庭、家族与专制政治的区别与对立。徐复观说:"就中国的历史说,家庭及由家庭扩大的宗族,它尽到了一部分自治体的责任,因此,它才是独裁专制的真正敌人。"② 这一点也得到了后人的认可,主张孝道重于君臣之道的确在一定程度上制约了政治的专制倾向,从而使家庭成为专制政治的边界。③ 这便是由"情"抗拒绝对的"义"对人的异化。

二 "情"与"义"的协调

"情"与"义"是相互统一又相互对立的一对范畴,二者相互统

---

① 参见王向清、彭抗洪《徐复观对"五四"时非孝思想的反思》,《哲学动态》2015年第7期。
② 徐复观:《中国思想史论集》,九州出版社2014年版,第202—203页。
③ 周浩翔:《伦理与政治之间——徐复观对孟子伦理思想的政治哲学阐释》,《现代哲学》2016年第6期。

一时自然达到了合情合理的要求,但"情"不能保证与"义"相互对立时该怎么办?使其尽量协调一致的途径有二:一是感情需要扩充培养,二是实践理性是需要学习教化的。

(一) 感情的扩充培养

既然感情与本性一样至纯至善,由于在后天容易受到欲望蒙蔽,所以就有必要不断充养本心本性。"凡有四端于我者,知皆扩而充之矣,若火之始然,泉之始达。苟能充之,足以保四海;苟不充之,不足以事父母。"(《孟子·公孙丑章句上》)所以,从这种情本主义出发,中国古人非常重视感情的充养,从小对孩子进行的教育是家庭中的孝道,孝道养成自孩子小时候与父母之间的亲密感情,正规的学校教育也不是西方式的知识教育,而是所谓的"礼教""诗教""乐教",无论是"礼""诗"还是"乐",都是出于情感的表达。所谓的"六艺"教育其实是情感的熏陶、品德的培养,所以中国既是一个"德的国度",又是一个"诗的国度",而两者的融合恰恰在于"都以温柔敦厚的情为其依据"[①]。同时,中国古人强调凭着良心做事,强调日常生活中个人道德修养,这都是感情不断加以充养的过程,贯穿整个生命历程。

(二) 理性的学习教化

孟子强调孝德的先验特性,同时注重后天道德教化。孝悌之心是"不虑而知""不学而能"的"良知""良能",是"非由外铄我也,我固有之"(《孟子·告子章句上》)的先验本质,但是同时容易受到外界欲望的诱惑,从而使一部分人丧失孝亲美德,所以还需要不断经由外在的灌输和熏陶,"谨庠序之教,申之以孝悌之义",确保得以贯彻实施,才能使"颁白者不负戴于道路矣"(《孟子·梁惠王章句上》)。至于行孝的具体方法,孟子也多次提及,本文第二部分已有相关论述,此处不再赘述。

[①] 张再林:《比较哲学视野下的中国哲学的情本主义》,《学海》2017年第4期。

第四节 "情"与"义"的现代思考

　　现代社会在解决了人的基本生存问题之后，如何生活得更加幸福就成为更为关键的问题。而幸福不是物质标准可以衡量的，是出自内心的满足感，更多是情感需求。现代性的危机是现代社会在高捧理性贬抑感情的结果，西方现代社会已经出现了"空心人"的弊病，时下物质享乐主义也在中国开始流行，解决这些现代社会的问题就需要加强感情的唤醒与充养，从家庭教育和学校教育开始，注重人伦关系的维护。在现代家庭中父母为子女付出太多，子女缺少为父母付出的行为养成，与父母的情感互动需要加强。在家庭中培养孝道感情，在学校要培养孝道知性，孝道教育中要共同遵守"义"的准则。同时为了保证现代社会公共生活领域不受私人领域的干扰，需要在"义"的方面加强对情的矫正。

第五章 《荀子》中孝道的人性根基

荀子以倡"性恶论"著称，不少论文多提到荀子的孝道建立在性恶论的理论基础上，如周海生的《亲情与恩义：论荀子孝道观的价值维度》明确提出荀子的孝道建立在人性恶的理论基础之上，为了突显礼义教化效果①，张岸萍的《论荀子的"礼义之孝"》认为荀子主张性恶，而一切的善源于圣人君主化性起伪的结果，是外在道德规范和内化的结果。② 思之甚疑。

在荀子论述"性恶"时的确拿了孝道作为论述的依据，荀子曾明确地说："今人之性，饥而欲饱，寒而欲暖，劳而欲休，此人之情性也。今人见长而不敢先食者，将有所让也；劳而不敢求息者，将有所代也。夫子之让乎父，弟之让乎兄，子之代乎父，弟之代乎兄，此二行者，皆反于性而悖于情也；然而孝子之道，礼义之文理也。故顺情性则不辞让矣，辞让则悖于情性矣。用此观之，人之性恶明矣，其善者伪也。"（《性恶》）光从字面上来看很容易给人造成一种理解上的偏差：荀子的孝道与孔子、孟子等儒家思想大有不同，荀子认为孝道属于"伪"，并非出于自觉自愿天性使然，而是违背了本心本性，是为了对治人性恶而进行礼义教化的结果。难怪上述论者会有这种说法，然而，要是这样就简单下结论说荀子孝道是建立在性恶论的基础

---

① 周海生：《亲情与恩义：论荀子孝道观的价值维度》，《孔子研究》2017年第4期。
② 张岸萍：《论荀子的"礼义之孝"》，《经济研究导刊》2014年第8期。

之上，实有不妥之处。

第一节　荀子孝道的人性论根基

关于荀子的人性论，本身是个颇有争议的话题。由于荀子所使用的术语容易造成理解上的偏差，历史上荀子也屡遭非难。在探讨荀子孝道的人性论根基之前，首先需要重新正确看待荀子的人性论。

一　几种有代表性的人性论

关于人性问题，孔子早就提出"性相近也，习相远也"（《论语·阳货》）。孔子较少谈论性与天道，此处"性"与"习"对举解释了人的共同性和差别性。朱子注此处的性兼气质而言，气质之性有美恶不同，但其原初相去不远，但习则不同，习善则善，习恶则恶。程子认为这里说的气质之性不是性之本，性即理，理无不善，[1] 这就与孟子的性善论归为一路了。另外，还有战国初期世硕的人性有善有恶说，告子的人性无善无恶说。在这些人性论中最有代表性的是以下三种：

（一）孟子的道德人性

孟子认为人性就是人之所以为人并区别于动物的本质，只有肯定了人性为善，才能为人类社会的伦理政治找到坚实的理论基础，并激励人类朝着善的方向行进。孟子认为人人皆有的恻隐、羞恶、辞让、是非之心是先验的道德萌芽，决定着人必须成为道德动物。所以，孟子反对告子的"生之谓性"的观点。他认为人的生理欲求以及恶劣行为都不是人的本质决定的，不过是情欲受外物诱惑而膨胀的结果，偏离了人的道德本性，所以要保持本性就必须克制物欲。

因此，孟子非常看重孝道本身具有的血缘亲情因素，他认为：

---

[1] （宋）朱熹：《四书章句集注》，中华书局2011年版，第164页。

"孩提之童，无不知爱其亲者，及其长也，无不知敬其兄也。"（《孟子·尽心章句上》）孝是人天生就具备的一种德性，爱亲敬长是为人"不学而能""不虑而知"的良能、良知。所以儿女行孝是顺应人性的自然发展的结果，而非外在因素的强制施与，这也是人所本有善性的自然扩充，所以孟子将其推举到了仁的高度："亲亲，仁也"（《孟子·尽心章句上》），"仁之于父子也，……命也。有性焉，君子不谓命也"（《孟子·尽心章句下》）。

（二）庄子的自然人性

道家崇尚自然，人性是人生赖以存在的自然资质，是人活动的物质基础，"性者，生之质也"（《庄子·庚桑楚》）。人不过是道派生的"气"的产物，气聚而生，气散而亡。庄子的人性论将"性"与"天"相联系，"天"是天然、自然，"性"亦天然、自然，人性就是自然而然，人们就应该按照这种生命的常态去生存发展，而不应该让人为的后天的仁义道德的规范之约。因为这些约束会丧失人的真实本性，让人走向异化。所以，在庄子看来，礼仪道德不仅不能使人更好地按本性生活，反而限制了人的自由发展，违反和戕害了正常人性。

在庄子看来，世间万物都是平等的，人与动物、正确与错误都是无差别的，一切事物皆然。"天地一指也，万物一马也。"要达到无差别的精神自由之境，就必须超脱世俗观念的束缚，齐物我，齐是非。从这个基本立场出发，庄子认为世俗孝道的弊端有二：其一，世俗孝道的标准难以用统一的标准去衡量；其二，标举孝道成为人们争名夺利的工具。[1] 从根本上看，道家并不反对孝，只不过道家更强调的是内心的真实感情。庄子把孝亲提到了天命的高度。据《庄子·人间世》载："天下有大戒二，其一，命也；其一，义也。子之爱亲，命也，不可解于心；臣之事君，义也，无适而非君也，无所逃于天地之间。"同时，庄子提倡对父母的"敬"和"爱"，《庄子·天运》载：

---

[1] 张杰：《庄子孝道研究》，《山东理工大学学报》（社会科学版）2015年第1期。

"以敬孝易，以爱孝难。"可见，庄子并不是绝对反对孝道，而是反对世俗化的孝道，他更赞赏发自内心真情实感的对父母的爱。

(三) 荀子的现实人性

荀子生活在战国末年，在从分裂割据走向集中统一的历史进程中，目睹了一系列重大的历史事件，使他对现实的认识更客观、更深刻、更冷静。在荀子的思想体系里，"性恶"和"群"既构成了人性的内在冲突，又构成了人作为类的道德价值的两个端点。[①] 根据马克思主义对人性的界定，人性可以分为人的自然属性和人的社会属性，与荀子人性学说对应起来，自然属性便接近于荀子关于性恶论的相关论述，社会属性相对应于"群分论"。

荀子所谓的"性"有多重含义：既有天生如此之意，"凡性者，天之就也，不可学，不可事……不可学、不可事而在人者谓之性"(《性恶》)，也指天生就具有的原始物质感官能力，"性者，本始材朴也；伪者，文理隆盛也"(《礼论》)，本始材朴就是天生具备的感官的原始作用和能力，同时"心有征知"，心在本能之性中起着重要作用。最多意向指的是经验层面、能够直接被人们把握的"性"，如生存欲"人之所欲生甚矣，人之所恶死甚矣"(《正名》)，占有欲和享受欲"凡人有所一同：饥而欲食，寒而欲暖，劳而欲息，好利而恶害，是人之所生而有也，是无待而然者也，是禹桀之所同也"(《荣辱》)，趋利避害欲"凡人莫不欲安荣而恶危辱"(《儒效》)，既有生理欲望，也有心理欲望，这些都指向人的自然需求。

从"性"的自然属性上来看，荀子的说法似乎接近于告子的说法，然而荀子主张性恶并不是说人的本性天生就是恶的，人的天生自然欲望无所谓善或恶，只有顺着本性肆意发展，"纵人之性，顺人之情"(《性恶》)，物欲膨胀的结果必然带来混乱和争夺，从而形成了恶。"凡人之欲为善者，为性恶也。夫薄愿厚，恶愿美，狭愿广，贫

[①] 王颖：《荀子伦理思想研究》，黑龙江人民出版社2006年版，第38页。

愿富，贱愿贵，苟无之中者，必求于外。故富而不愿财，贵而不愿势，苟有之中者，必不及于外。用此观之，人之欲为善者，为性恶也。今人之性，固无礼义，故强学而求有之也；性不知礼义，故思虑而求知之也。"（《性恶》）正因为人本性中缺少礼义，缺少善，人性才是恶的，如同挺直的木材根本不需要檃栝一样，由此看所谓德性，就是朝着与本性相反的利他的方向走。

荀子在论述人的自然属性的同时，也探讨了人的社会属性"群"。在荀子看来，人之所以高于其他动物是因为人"能群"，意思是人与人之间相互有分工和等级，"分"的标准是"义"和"礼"，只有通过这样的分工和协作才能团结起来战胜其他动物，也是人类价值的体现。反之，如果人类不能通过"礼义群分"，则处于离乱争夺自我毁灭中。"礼"与"义"以及在荀子称为"伪"的德行，可以说都是人的社会属性的体现，而"化性起伪"在人由自然性走向社会性的过程中起着重要作用。"伪者，文理隆盛也"（《礼论》），是对原始素材进行加工使之更美好，"心虑而能为之动谓之伪"（《正名》），人的情感在心的思虑和允许下才能表现出来，"虑积焉，能习焉而后成谓之伪"，多次思虑之后形成行为规范，"可学而能、可事而成之在人者"，通过学习形塑品格。将孟子的"性"与"命"和荀子的"性"与"伪"经过比较分析，有人认为荀子所谓的"性"就是孟子所谓的"命"，而荀子从形而上本义上所谓的"伪"就是孟子所谓的"性"。[1]

综上所述，与先秦其他思想家相比，荀子人性论的独特之处在于他明确了人的社会性，对"伪"的强调是在于对"群"的关注。另外，即使荀子使用了性恶一词，与西方基督教的性恶论也大为不同，基督教认为人的"原罪"生而具有，不能依靠人自身的力量拔除，而是必须通过对上帝的皈依依靠神的救赎力量才能慢慢改变，这样，外

---

[1] 路德斌：《荀子人性论之形上学义蕴——荀、孟人性论关系之我见》，《中国哲学史》2003年第4期。

在力量成了一个绝对的他者,并非像荀子一样自觉主动通过自我的行动就能达到得道成圣的途径。

二 荀子人性论与孝

关于荀子的性恶论历来都有争议。荀子证明人性恶的论证显然是有漏洞的,如果用对善的追求来证明人性本来是恶的,那么"同样也可以用同一方法来证明人性本来就是善的"[1],如果用善行与善性的分离说明本性不是善的,那么性恶论也存在同样的问题。所以,黎红雷先生提出了将荀子的人性论概括为"性伪论"似乎更合理一些,"起码也应该称之为'性恶——善伪论'"[2]。如果从"伪"的角度说,路德斌认为"荀子其实是个性善论者"[3]。从根源上讲,"伪"实际上是一种根植于人自身以"义""辨"为基础并趋向于"善"的能力。[4]因此,涉及荀子孝道的人性论根基,也绝非只从文字表面看那么简单。

从现实出发,荀子看到了人性的复杂性和更为广阔的内涵,对于孝道也是如此。荀子跟庄子一样看中孝天然的出自内心真情的一面,如荀子也肯定动物之间存在亲情,"乳彘不触虎,乳狗不远游,不忘其亲也"(《荣辱》)。由此推而广之到天地之间皆然,"凡生乎天地之间者,有血气之属必有知,有知之属莫不爱其类。今夫大鸟兽则失亡其群匹,越月逾时则必反铅;过故乡则必徘徊焉,鸣号焉,踯躅焉,踟蹰焉,然后能去之也。小者是燕爵,犹有啁噍之顷焉,然后能去之"(《礼论》)。凡是天地之间有血气的必定有智力,有智力的必定爱他的同类。有血气的动物没有比人更聪明的了,人对父母的亲情是

---

[1] 王颖:《荀子伦理思想研究》,黑龙江人民出版社2006年版,第56页。
[2] 黎红雷:《儒家管理哲学》,广东教育出版社1993年版,第195页。
[3] 路德斌:《荀子人性论之形上学义蕴——荀、孟人性论关系之我见》,《中国哲学史》2003年第4期。
[4] 路德斌:《荀子人性论之形上学义蕴——荀、孟人性论关系之我见》,《中国哲学史》2003年第4期。

"至死无穷"(《礼论》)。与此相反,那些愚陋淫邪之人双亲早上死掉到了晚上就忘记了、不懂得为子之孝道,如果要放纵他们,就连鸟兽都不如了,跟这些人群居在一起就不可能不发生混乱。在荀子看来,"下忘其身,内忘其亲,上忘其君,则是人也,而曾狗彘之不若也"(《荣辱》),那些不懂孝亲尊亲的人品质极其低劣,甚至连猪狗都不如。

同时,荀子充分肯定了孝道的价值,普通人做到"孝弟原悫,軥录疾力,以敦比其事业,而不敢怠傲",是达到"取暖衣饱食,长生久视,以免于刑戮"(《荣辱》)的重要保障。在《修身》中谈到即使面临大祸上天也会成全的三种品质:一是"老老",尊敬老人,年轻人壮年人都会来归顺;二是"不穷穷",不轻视侮辱处境窘困的人,明达显赫的便聚拢而来;三是"行乎冥冥而施无报",不管是贤明的人还是不贤的人都会归向一处。孝敬老人进而做到"老吾老以及人之老",具备这种德行连上天都会眷顾。此处说法类似上天赏善罚恶的某种天命决定论思想,这是早期很多思想家都试图在天命那里为人性寻找的一个本源性依据。然而,在天命与人性的关系问题上,通常认为荀子一贯主张"制天命而用之",更强调人的主观能动作用,因而从客观上讲,主观的尊老行为具有感化凝聚人心的效用。

《宥坐》里有孔子为鲁司寇处理父子之间的诉讼案件,三月不决断,直到"其父请止,孔子舍之"。孔子杀少正卯而不杀不孝之子,让季桓子很为不解,孔子听说后感叹道:"呜呼!上失之,下杀之,其可乎?不教其民而听其狱,杀不辜也。"孔子认为教化在治理国家方面比刑罚更重要,孔子本身的做法也是对不屑之子的不言而教。这一章材料为荀子及其学生平时摘录的资料,后经编者汇编分篇而成。它虽然不是我们研究荀子思想的第一手资料,但对于我们了解荀子的思想倾向有一定价值。由此可见,荀子非常看重孝道。

荀子从其人性论出发看到了孝的特殊性,一方面出自人之真情,"感而自然,不待事而后生者也"(《性恶》);另一方面也会面临矛盾对立,"感而不能然,必且待事而后然"(《性恶》)。这里的矛盾大体有二:一是人与人的自然欲求之间会存在冲突,"今人之性,饥而欲饱,寒而欲暖,劳而欲休,此人之情性也。今人见长而不敢先食者,将有所让也;劳而不敢求息者,将有所代也。夫子之让乎父,弟之让乎兄,子之代乎父,弟之代乎兄,此二行者,皆反于性而悖于情也"(《性恶》)。二是人际关系的冲突,在《性恶》篇中尧问于舜"人情何如?"舜对曰:"人情甚不美,又何问焉!妻子具而孝衰于亲,嗜欲得而信衰于友,爵禄盈而忠衰于君。"(《性恶》)所以,荀子认为孝子之道是礼义之文理,应该属于"伪"的范畴,从根本上来说荀子力主孝道是为了让人性趋向于善的一面。因此,荀子是拿孝可能会面临的矛盾冲突论证性恶,但不能反过来就轻易说荀子孝道的人性论根基是性恶论。

第二节 以礼入孝

《荀子》一书中,"礼""义"合用出现频率多达100多处,"孝"字出现44次,包括"孝"在内的其他各重要概念皆以"礼义为宗主、为元首"[1],在荀子看来,礼义法度都是出于"圣人之伪",并非天然生于人之性,所以"圣人化性而起伪,伪起而生礼义,礼义生而制法度"(《性恶》)。荀子主要通过礼来解决孝道"感而不能然"的问题,通过外在的制度和规范使孝得到体现和落实。

一 礼的重要性

《荀子·礼论》一章以专题论文的形式全面介绍了礼的起源、内容、作用和意义。因为人们一生下来就有欲望,欲望得不到满足的情况下就会争斗,进而引起混乱,礼正是起源于此。礼就是通过一种相对合理的方式来满足人们的欲望,具体方法就是等而有别,要在人群

---

[1] 韦政通:《荀子与古代哲学》,台北:商务印书馆1997年版,第6—7页。

中划分出贵贱、贫富、长幼的等级，以便于在日常生活中维持人伦秩序。礼在家庭中体现为父子有序，夫妻有分，兄弟有异；在国家中体现为君臣有序，贵贱有分，贫富有别，以求"贵贱有等，长幼有差，贫富轻重皆有称者也"（《礼论》）。礼无论对国家还是对个人都非常重要，"如权衡之于轻重也，如绳墨之于曲直也。故人无礼不生，事无礼不成，国家无礼不宁"（《大略》）。

礼的基本内涵是："贵者敬焉，老者孝焉，长者弟焉，幼者慈焉，贱者惠焉。"（《大略》）尊敬尊贵的人，孝顺年老的人，爱护年幼的人，施惠于卑贱的人，在不同的场合下各种角色各种有差别的人都得到合理有效的安顿，正所谓"礼之用，和为贵。先王之道，斯为美，小大由之"（《论语·学而》）。作为人伦的孝道，在荀子看来自然也来源于圣人所制之礼义，"夫子之让乎父，弟之让乎兄，子之代乎父，弟之代乎兄，此二行者，皆反于性而悖于情也。然而孝子之道，礼义之文理也"（《性恶》）。看似违背自然本心本愿的辞让孝行，本身就是礼与义的体现。曾子、闵子骞和孝己这样的大孝子之所以成为孝子的典范，"天非私曾、骞、孝己而外众人也，然而曾、骞、孝己独厚于孝之实而全于孝之名者，何也？以綦于礼义故也"（《性恶》），不是因为他们天性如此，而是因为他们追求礼义的缘故。

二 孝礼重差别

象天以制礼，制礼以别分，礼具体就体现为差别性。所以荀子认为："贵贱有等，则令行而不流；亲疏有分，则施行而不悖；长幼有序，则事业捷成而有所休。故仁者，仁此者也；义者，分此者也；节者，死生此者也；忠者，惇慎此者也。"（《君子》）次序与差别能使万物各行其道得到最好的安顿，即使对父母的供养也要符合父母的身份地位，这也属于礼制的规范。在家庭内部，树立父亲作为家长的权威非常重要，只有这样才能保证家庭的和谐稳定，"父者，家之隆也。隆一而治，二而乱。自古及今，未有二隆争重而能长久者"（《致士》),而"君臣、父子、兄弟、夫妇"这些角色身份,"始则终,终则始,与天地同理"(《王制》)。在荀子看来,只有父子之间秩序井然,尊卑有序,这样家庭才能和睦长久,才能保证家庭秩序的稳定。

另外,荀子的孝道表现为对丧礼尤为重视。儒家一向有"慎终追远"以期民德归厚的主张,孔子就非常重视丧礼,孟子说"养生者不足以当大事,惟送死可以当大事"(《孟子·离娄章句下》)。荀子认为"礼者,谨于治生死者也。生,人之始也;死,人之终也;终始俱善,人道毕矣"(《礼论》),礼的重要功能是治生死、善始终,也是君子之道礼义之文的体现。因此,荀子对于丧礼作了详细的阐述,提出"丧礼者,以生者饰死者也。大象其生以送其死也"(《礼论》),丧礼的法则应该是用活人的样子装饰死者,大体模仿其活着的样子来送别死者,因此对如何对待死者的遗体、遗物、陪葬器物、送葬、坟墓都作了细致的规定,包括五服之制、棺椁重数、服丧长短等,用以区别宗族内部的身份等级和与死者的亲疏关系,要求做到"事死如生,事亡如存,终始一也"(《礼论》)。反之,如果像墨家那样"厚其生而薄其死",则"是敬其有知,而慢其无知也,是奸人之道而倍叛之心也"(《礼论》),责骂怠慢死者为大逆不道奸邪之行,严厉指斥那些"一朝而丧其严亲,而所以送葬之者,不哀不敬"的人,将其视为"嫌于禽兽矣,君子耻之"(《礼论》)。对自宰我以来对三年之丧的质疑,孔子的回应是是否心安,荀子进一步做了论述,"三年之丧,何也?曰:称情而立文,因以饰群,别亲疏贵贱之节"(《礼论》),指出之所以要保留三年之丧,是为了礼仪的制定,是根据情感远近来区别亲疏贵贱的,二十五个月的期限对孝子而言既不能延长也不能减短。

第三节 道义为准

通常认为,义者,宜也,理也,但荀子的义有更深一层的意义,既有制乱禁奸的作用,"夫义者,所以限禁人之为恶与奸者也"(《强国》)。也有调节上下内外行为的规范准则的作用,"内接于人而外接于物者也,上安于主而下调于民者也"(《强国》)。还与"公"相联系,提倡公道统义,强调"公义胜私欲"(《修身》),甚至标举"义立而王"(《王霸》)。荀子孝道对义的突出和强调主要表现在三个方面:

一 慈孝对举

荀子认为人与人之间相互的权利和义务是对等的,提出:"君子有三恕:有君不能事,有臣而求其使,非恕也;有亲不能报,有子而求其孝,非恕也;有兄不能敬,有弟而求其听令,非恕也。"(《法行》)恕是推己及人之心,是孔子"己所不欲,勿施于人"的最好注脚,强调了平等主体间相互的权利和义务。所以荀子提倡慈孝并举,认为父子应该相互对等相待,绝非如后世只强调子方的义务和责任,"请问为人父?曰:宽惠而有礼。请问为人子?曰:敬爱而致文"(《君道》)。作为父亲要宽厚慈爱,才能要求儿子敬爱有礼,如果父亲都没有尽到做父亲的责任,那么怎么能去要求儿子为自己尽义务呢?从人之常情常理上来说"不能生养人者,人不亲也",而"善生养人者,人亲之"(《君道》),父母生养子女使得与子女之间有了情感上的关联,才是子女为父母尽孝的有效保障,否则就难于得到子女的亲爱敬重,无论是父母还是子女都需要站在对方的立场来考虑问题,这也算是行孝的忠恕之道。

二 谏亲

虽然礼制根据等级和有别的原则为家庭中的父亲树立了至上的权威,然而人非圣贤孰能无过,现实中父母总是会犯错误的,如果还是按照严格尊奉唯命是从势必会带来不好的后果,并因此有损于家庭乃至群体的利益。但是对于如何对待父母之过的问题,荀子之前的儒家态度比荀子都要温和得多。孔子对此的回答是"事父母几谏"(《论语·里仁》),对父母的过错要委婉地劝阻,与《礼记·内则》"父母有过，下气怡色，柔声以谏。谏若不入，起敬起孝，说则复谏"的说法保持一致。但当曾子向孔子请教听命于父亲是否称得上孝子的问题时，孔子回答相当明确："父有争子，则身不陷于不义。故当不义，则子不可以不争于父，臣不可以不争于君。故当不义则争之，从父之令，又焉得为孝乎？"（《孝经·谏争章》）当父亲和君主行有不义时要敢于谏诤，使他们避免犯错才算得上真正的孝子贤臣。而孟子事亲的原则就是"顺亲"："不得乎亲，不可以为人。不顺乎亲，不可以为子。"（《孟子·离娄章句上》）所谓"得乎亲"容易，朱子解释为"不问事之是非，但能曲为承顺，则可以得其亲之悦。苟父母有做得不是处，我且从之，苟有孝心者皆可然也"，但是"顺乎亲"要难得多，那就不仅仅是能"得亲之悦"，还要做到"使之不陷于非义"。①

但是，对于在劝谏的方式和态度上荀子之前的儒家学说有很多保留的余地，孔子主张"又敬不违，劳而不怨"（《论语·里仁》），曾子提倡"孝子之谏，达善而不敢争辩；争辩者，作乱之所由兴也……孝子唯巧变，故父母安之"（《大戴礼记·曾子事父母》），这一曲折委婉和善巧方便主要在于维护家庭亲情。至于劝谏的效果，若是明理通达的父母尚可，若是固执顽愚的父母恐怕只有无怨地跟他一起承担过错了。

在荀子看来，入孝出悌，只属于小小的德行，上顺下笃，仅属于中等，从道不从君，从义不从父，才是为人的大德行。他主张"从义不从父"，提出孝子所不从命有三："从命则亲危，不从命则亲安，孝子不从命乃衷；从命则亲辱，不从命则亲荣，孝子不从命乃义；从命则禽兽，不从命则修饰，孝子不从命乃敬。故可以从而不从，是不子也；未可以从而从，是不衷也。明于从不从之义，而能致恭敬、忠信、端悫以慎行之，则可谓大孝矣。传曰：'从道不从君，从义不从父。'此之谓也。故劳苦雕萃而能无失其敬，灾祸患难而能无失其义，则不幸不顺见

---

① （宋）黎靖德编：《朱子语类》（四），中华书局1986年版，第1336页。

恶而能无失其爱，非仁人莫能行。诗曰：'孝子不匮'，此之谓也。"（《子道》）真正的孝子不是一个顺字可以概括，不是只求表面上的一团和气，而是要明白顺从与不顺从背后的大义，从发自内心的恭敬、忠诚、端正来奉行，这样即使遭遇劳苦灾难，甚至因为不顺从被父母憎恶也不会丧失对父母真正的爱，唯如此才能称得上真正的大孝。

《子道》篇接着又借孔子之口进一步反复论证，鲁哀公问孔子："子从父命，孝乎？臣从君命，贞乎？"问了三遍孔子没有回答，出来后就这个问题询问子贡的看法，子贡认为："子从父命，孝矣；臣从君命，贞矣。夫子有奚对焉？"这个问题在子贡看来毋庸置疑，不想被孔子斥责了一番："小人哉！赐不识也。昔万乘之国有争臣四人，则封疆不削；千乘之国有争臣三人，则社稷不危；百乘之家有争臣二人，则宗庙不毁。父有争子，不行无礼；士有争友，不为不义。故子从父，奚子孝？臣从君，奚臣贞？审其所以从之之谓孝，之谓贞也。"所谓孝子忠臣，并非一味顺从，而是要弄清楚所以服从的原因，也就是事件背后的理据必须是由"义"而来，这才是从正道而行。

荀子的思路基于情与欲扩张可能带来的恶，毅然理性地跳出其牵绊，旗帜鲜明地提出了"义"的原则，义能最大限度地不损害"群"内每一个个体的权力，从而也能有效遏制恶的扩张泛滥。假如荀子面临孔子的"亲亲相隐"的困境和孟子的被别人责难的舜的父亲杀人的问题时，他首先会做的是劝阻父亲的不义行为，而不是为了维护亲情而姑息，因为这样才会最终避免父亲限于不辱。因而，荀子孝道思想中最具特色的部分，是他"从义不从父"的"谏亲"观。[1]

三　谏君

与家庭层面"从义不从父"直接相连的是政治层面的"从道不从君"，荀子认为父亲与君王的命令只有在符合"道"与"义"的前提

---

[1] 周海生：《亲情与恩义：论荀子孝道观的价值维度》，《孔子研究》2017年第4期。

下才应该被子与臣遵照执行，因为只有这样才符合从家、国的长远和根本利益考虑的出发点。忠君就是孝父的延伸，"忠臣，孝子之极也"（《礼论》），自然而然地为他的君权至上理论"提供了逻辑前提和理论依据"[①]。

在君臣关系的处理上，孔子强调各尽其分，"君使臣以礼，臣事君以忠"（《论语·颜渊》），虽有君臣名分之别，但基于道德人格的平等"故当不义，则争之"（《孝经·谏争章》）。若以道事君，谏诤不被接受则"不可则止"（《论语·先进》），宁可乘桴浮于海。曾子认为"父子之道，天性也，君臣之义也"（《孝经·圣治章》），所以可以把对侍亲之孝推而广之用在对待君主上，"君子之事亲孝，故忠可移于君"（《孝经·广扬名章》）。荀子在此基础上将君臣关系更明确化，规定了各自的名分角色和伦理责任，以善恶为标准将臣分四类：态臣（奸佞之臣）、篡臣、功臣、圣臣，以事君之德分为大忠、次忠、下忠、国贼四等，关键是以臣之于君的从命与否以及能否"利君"来判断。荀子还提出了"逆命而利君"的四种方式："君有过谋过事，将危国家、殒社稷之惧也，大臣父兄有能进言于君，用则可，不用则去，谓之谏；有能进言于君，用则可，不用则死，谓之争；有能比知同力，率群臣百吏而相与强君挢君，君虽不安，不能不听，遂以解国之大患，除国之大害，成于尊君安国，谓之辅；有能抗君之命，窃君之重，反君之事，以安国之危，除君之辱，功伐足以成国之大利，谓之拂。"荀子将"谏"与"争"作了区别，"谏"的态度是"不用则去"，而"争"则是"用则可，不用则死"，是在用生命和尊严维护着国家社稷的安危。谏诤辅拂虽强烈程度不同，却都是为了国家的安危存亡而"逆命利君"，行事唯一的标准只有道、义，"义之所在，不倾于权，不顾其利，举国而与之不为改观，重死持义而不桡"（《荣辱》）。"这对于君道而言，其实是从家庭伦理层面加强了对

[①] 周义龙：《论荀子对儒家孝道观的继承与发展》，《哈尔滨学院学报》2010年第7期。

君权的制衡。"①

颜炳罡指出:"正义,不仅仅是社会美德,更是社会体系运转和规则体系的价值支撑。"② 荀子以是否符合道义作为衡量孝道的最高标准,将孝从"顺亲"的遮蔽中解放出来,为孝道践行拓展了更为广阔的空间,在一定程度上"保障了社会组织系统的有效运转和社会公德、社会正义的得以实现"③。也是为孝治、德治做好了充分的理论准备,同时又为法治留下足够的空间。遵从道与义的原则,使荀子的孝道有了最终的价值指向,也最终归于善的目的地。

第四节 荀子孝道的当代价值

荀子的思想统合了儒、法、墨、道等多家的思想,适应大一统的需要建立起自己独特的思想体系,对我们当今在多元文化的时代整合各种思想资源的同时,树立文化自信并发扬优良的文化传统具有非常重要的借鉴价值。他的孝道思想既继承了前人,又根据现实和时代特色进行了创新,尤其是荀子的思想与现代思想文化具有许多有机的契合点,值得我们学习借鉴和发扬。

一 理论价值

五四以来,对中国传统孝道的批判既有有价值的地方也有不少偏颇,其人性论可以回答两种关于孝道存在合理性的质疑。

第一种就是机械的社会基础决定论。该派观点从马克思经济基础决定上层建筑出发,认为孝道产生的社会基础是以农业为基础的封建宗法制度,出于农业生产的需要要尊重老年人的知识经验,进而上升

---

① 梁宗华:《论荀子孝道观——以〈子道〉篇为中心》,《东岳论丛》2014年第12期。
② 颜炳罡:《正义何以保证?——从孔子、墨子、孟子、荀子谈起》,《孔子研究》2011年第1期。
③ 周海生:《亲情与恩义:论荀子孝道观的价值维度》,《孔子研究》2017年第4期。

为孝敬，宗法制使人们的生活逃不出大家族与小家庭的圈子，从而产生了孝养和孝祭。这种观念随着后世的不断强化大有压倒一切的势头，已经成为束缚社会发展和人性自由的桎梏。而现代的社会化大生产使社会基础已经发生了深刻变革，近似于古希腊的城邦社会，要以民主与自由为价值取向，因此，应该摒弃讲究父辈与子辈间有差等的不平等和不自由的传统孝道。

第二种就是简单的生物决定论。该论点认为，父代与子代之间的关系纯粹属于生物现象，生命的诞生完全是两性交欢的产物，产生之前并没有征得子辈的同意，因此不应该对父母心存感激，孝道不应该被过分提升与夸大。

以上两种观点看似有理，实际上都归于偏颇。社会生产的方式和生物性存在都是人类赖以生存的前提和基础，但并非人类存在的全部，更不是人类有别于动物界的特质——人之所以为人的理据。荀子的孝道观从人性论的高度可以应对以上观点对传统孝道的质疑。荀子对孝的看法远远超越了社会存在决定论和生物决定论所依据的"物"的层面而上升到形而上的层面，从人何以为人的高度回答了这个问题。他认为孝是出自人的真情，是自然而然的存在，面临矛盾冲突时需要通过外在的制度和规范的"伪"使孝得到体现和落实，最根本的目的是让人性趋向于善的一面。

在此基础上，可以回答孝道与现代民主与平等的理念不相容的问题，这也是孝道是否与核心价值观相容的关键性问题。义的原则的提出可以有效防范以下后世出现的不良现象：

一是传统孝文化中的代际关系失衡。主要是指父代子代之间的权利义务非对等性，人格主体不平等，父代并非将子代看作平等的主体对待，而是视为自己的附属财产，父母往往对子女具有支配权。父代的绝对权威极易致使子代在尽义务的过程中一味服从，从而形成奴性人格，不容易培养出独立人格。倘若孝道如荀子所主张的那样贯彻了义的原则，义成了超出自然血缘关系的子代与父代的共同追求，将能有效防范不义的行为发生,也将对子代的反思质疑给予恰当的支点,不再成为父代的奴才。

二是血缘亲情优于法律。很多人认为孝道是"子女对父母的无条件恭顺,不是对父母人格、真理的尊崇,而是对由生物性决定的人际关系的确认和驯服"①,不符合现代所谓在法律面前人人平等的理念。关于这方面前面已有很多学人论争过,参考郭齐勇与邓晓芒等人的论争。所幸的是,这场论争后,我国的法律规定对"亲亲相隐"也及时做出了调整,允许"亲亲相隐"是对亲情、真情和人性中的善的保护。但荀子以是否符合道义作为衡量孝道的最高标准,将孝从"顺亲"的遮蔽中解放出来,不仅解决了孝和义的两难问题,而且为孝道的发展肃清了障碍,有效地协调了私德和公德之间的关系,从而也更好地保障了社会组织系统的有效运转和社会公德、社会正义的实现。

二 实践价值

荀子孝道思想的现实实践价值就在于,基于对孝自然合理性承认的前提下针对行孝过程中的矛盾问题"感而不能然,必且待事而后然"(《性恶》),一是通过礼来解决孝道"感而不能然"的问题,通过外在的制度和规范使孝得到体现和落实;二是完善相关的法律制度切实保障老年人的权益。

(一) 当代社会呼唤孝道礼仪

礼的本质是调和人与人之间关系的一种恰当的度。圣人制礼有其初衷,但为了方便教化,神道设教。一旦打碎了礼制,行为举止失去了可依循的准则,彻底的自由便是不自由,是秩序的失守。现代社会强调民主、自由和平等,而儒家的礼制是讲究差等性,因而遭到了攻击。子辈对父辈的尊敬与义务的确来自这种差等性,因为生命本身有存在的先后序列,我们不能因为强调平等而忽略了差等。

---

① 杨维中:《孝道与现代家庭伦理》,《中国哲学史》1997年第2期。

礼是社会文化的产物，也会随着时代的发展变化而变化。古时候的礼仪的确有不适合现代社会的地方，需要我们在继承古代礼仪精神内核的基础上根据现代社会的时代需求做出恰当合理的调整。对于孝道，有一些被人们认可的习俗礼仪能跨越时代的局限，比如有好吃的让父母先吃，"出必告，反必面"等，也有一些需要根据国际通行惯例做出调整，但一个总的原则应该不变，这就是：貌思恭，言思敬，行思慎。

新时代的孝道要做到心里有父母，表现在态度上，对父母就像对待上级领导一样恭敬，父母对孩子有耐心可以像对待朋友一样，但孩子对父母可以像朋友一样无心理隔阂，但不能像朋友一样不分长幼尊卑，有些可以用在朋友身上的言行用在父母身上就显得没有教养，父母也会心里不舒服。父子关系毕竟不同于朋友关系，朋友可以选择，可以结交和摒弃，而父母是无法选择的，无论你的心情状态如何都必须尽量搞好和父母的关系，父母和子女之间有更多的相互责任和义务，其间的关联程度更甚于单位内的同事。新时代的孝道同时也要落实在一言一行上，处处为父母多考虑，不让父母为自己担忧，遵纪守法，多为国家这个大家做贡献也是为家庭这个小家谋福利。

现实中，我们也能看到有很多弘扬孝道的举措。其中最有代表性的一个就是新二十四孝：提倡带着妻小常回家、共与父母度节假、生日宴会要举办、给父母做做饭、每周不忘打电话、长供父母零钱花、建立父母"关爱卡"、聆听父母往事拉、教会父母能上网、常为父母拍照玩、关爱父母说出口、沟通父母心结扣、支持父母之爱好、赞成单亲再婚好、定期父母做体检、购买父母适保险、新闻时事常交流、带着父母参活动、工作地方父母览、陪伴旅行故地逛、能和父母共锻炼、父母活动也露脸、陪着父母访老友、提供书报老电影，为我们在新时代切实履行孝道提供了参考。但是新二十四孝偏重于城市家庭，这些行为未必适合于所有家庭，尤其是有些农村家庭不能生搬硬套，作为子女我们都有必要懂父母的心，明白他们真正的需求。还有一个典型孝行就是给老人洗脚，有人抨击其仪式感有作假嫌疑。洗脚事小，但能投射出儿女与父母心理距离的远近。最近二十年婚礼上也很少见到跪拜礼，小孩子接收长辈压岁钱也不用磕头，顺手拿来怎知珍惜？传统有价值的礼仪内容也丧失殆尽，实在不能不令人心痛，真正的尊敬是需要通过一定的仪式感来完成的。

（二）完善相应的法律保障

一方面，法律的制定根本上为保护人性中的善，传统孝道的一些做法正是要维护人性善的一面，值得继承与发扬。另一方面，现代社会制度变迁下，老人的权益不能得到有效保障，国家需要根据社会现实从法律政策上做出调整切实保障老年人的权益。我国现在面临着空巢家庭增多与"异地行孝"难的问题，需要国家从制度层面出台相应的措施保证子辈有行孝的时间，同时我们也需要借鉴韩国、日本的一些经验。

综上所述，荀子的人性论并非可以望文生义地认为是建立在性恶论的基础上，由于荀子处于战国晚期，受到了儒、道、墨、法家等的思想影响，其孝道思想的人性基础既有儒家追求道德内涵的传统基因，也受到了道家珍视生命尊重自然真情的影响，更有隆礼重法群以别分的现实考量。荀子从其人性论出发看到了孝的特殊性，一方面出自人之真情，"感而自然，不待事而后生者也"（《性恶》）；另一方面也会面临矛盾对立，"感而不能然，必且待事而后然"（《性恶》），主要通过礼来解决孝道"感而不能然"的问题，通过外在的制度和规范使孝得到体现和落实。荀子的孝道突出了人与人之间相互的权利和义务是对等的，无论是谏亲还是谏君都要以道义作为孝道的最高准则，从根本上来说荀子力主孝道是为了让人性趋向于善的一面。荀子的思想对我们当今在多元文化的时代整合各种思想资源的同时，树立文化自信并发扬优良的文化传统具有重要意义。他的孝道思想既继承了前人，又根据现实和时代特色进行了创新，尤其是荀子的思想与现代思想文化具有许多有机的契合点，他的人性论以道义为重，以礼入孝的思想为创新发展新时代孝道提供了理论借鉴和现实依据，值得我们学习借鉴和发扬。

下篇　实践传承

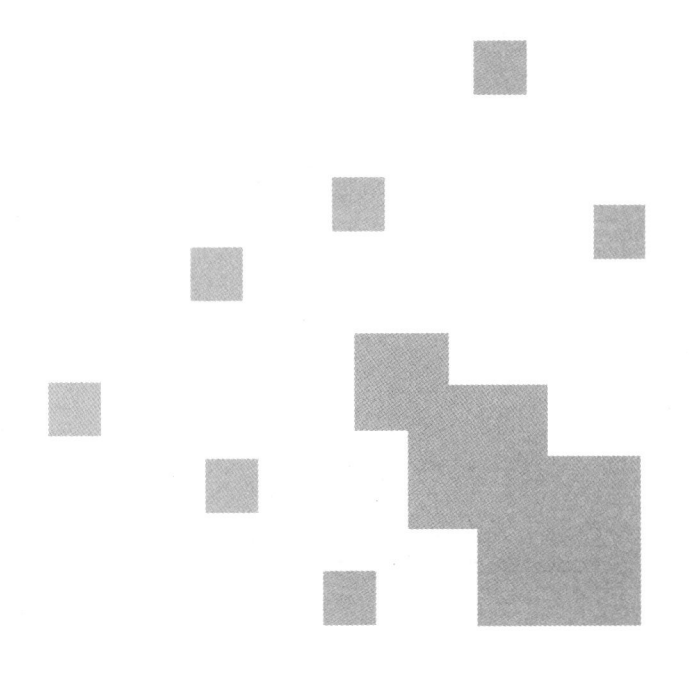

第六章　家庭教育是孝道之根

传统文化经典是教育的根基，是做人的根基，如果没有这个根基，就容易导致价值的迷失。对于现代的思想品德教育来说，儒家的经典有永恒的价值，不仅不会过时，而且对于传承文化、培养学生的德性有重要意义。西方的学校教育除了德育，还有一个庞大的宗教信仰系统提供精神支撑，如果我们丢掉了儒家的信仰支撑，又无法提供一个真正的信仰体系，就会导致思想品德教育成为无根的教育。在这方面，最近十几年兴起的读经教育和家庭教育结合，不失为传统孝道的灵根再植做了很好的尝试。

依靠经典的力量能从思想情感深处真正触动下一代的灵魂。难怪张祥龙教授从传统农业社会的"耕读传家"谈到亲子共读儒家经典时也认为，这"是世上最合理之事，也是最能和谐共振的亲亲过程"[①]。在他看来，因为读经的过程不是为了学习外在的知识和行为规范，而是为了深化和焕发天然就有的家人本性，即孟子称为的"良知""良能"。儒家经典如果离开了亲子之亲亲关系，单单成为学问研究的对象、猎取名声的资本，就会失去根源而枯槁。很明显，孝道教育最重要的来源是父母与子女之间的亲情，最主要的精神动力来自父母的感恩，要善于体会父母的艰辛和慈爱之心，包容父母的不足之处，切实

---

① 张祥龙：《家与孝：从中西间视野看》，生活·读书·新知三联书店2017年版，第256页。

在家庭生活中通过孝道来提高个人道德修养。当然,为人父母者也要以身作则,榜样示范,潜移默化。尽孝的过程实际是磨炼心性、完善个人道德修养的最初也是最重要的场所。

  儒家经典的智慧确实在实践中见真知。在笔者组织学生参与的《孝经》诵读活动中,很多学生学习了传统文化以后开始致力于家庭关系的改善。一开始他们并不能找到解决问题的途径,但是孝道是一个很好的突破口,让自己首先做到孝敬家庭的长辈,通过自己的改变去影响和改变其他家庭成员。然后再从改变自己的家庭关系,到改善亲戚邻居的家庭关系,这样切实提高了学生对社会关系、人性心理的理解能力,以及处理问题的能力,学生的德行不知不觉得到了提升。在亲子共读活动中,效果更是明显,后面附文更是例证。只有参与了才能深深体会到:"亲子共读儒家经典,则经典得其亲根,越读越亲切感人;而亲子得经典滋养启迪,也就越学越亲亲而仁。不从亲亲读起,则此类经典不成其为经;不选儒经来读,则亲爱在人生风浪中或不再亲。"①

  早在《尚书·盘庚》中就提出了"人惟求旧;器非求旧,惟新"的思想,"器"所代表的是一个客观的物质性的世界,是不断发展变化的,而"人"指代相对恒久的人文传统,"求旧"就是要注重文化人格上的历史继承性和连续性。阅读经典一般简称作"读经"。在当今一个器物日新月异的时代,读经不能代替一切,但是却关乎做人立身等关键问题,是一个人人文素养的根基,皮之不存毛将焉附?何况道不远人,道具有终极性,同时又在老百姓的日常生活之中。孝道教育需要家庭、学校、社会三者统筹,以学校教育为主导推动孝道理念的深入、以家庭教育为主体配合孝道实践的开展、以社会教育为推手促进孝道文化的创建。本章着重探讨的就是如何在生活实践中通过家

---

① 张祥龙:《家与孝:从中西间视野看》,生活·读书·新知三联书店2017年版,第257页。

庭读经教育对传统孝道文化实现创造性转化。

第一节　家庭读经的产生背景

一　当前教育的转向

当前教育的目标已不再是五四时期的救亡图存了，最终的价值指向了人的全面发展，而今学校教育偏重于知识教育的缺陷也日益明显地暴露出来，虽然也非常重视德育，但是德育的根要有赖于文化的根才能有所依附，否则，单纯的耳提面命式的说教式教育很难起到深入人心持久教化的效果。道德教育、成人教育在很多让人难以接受的事实面前（如杀害父母同学等诸多社会负面现象），其重要性和迫切性又有压倒性的势头。

当然，把经典当成天经地义的真理或用宗教的态度去读经也会受到大多数人的排斥，也很难符合这个时代的发展潮流。在很多人的眼里，当下的读经似乎要担当起道德教化重任与重建民族自信的时代责任。但是，光读似乎是解决不了这个问题的，中国传统教育非常注重实践，而学校和社会为小孩子提供的实践机会非常有限，相对来说只有家庭才有大量的实践机会。因此，在家庭中读经不失为一个既能提高家庭教育质量又能促进知行合一的经典教育目的的有效途径。

二　脱胎于儿童读经

历史上清末民国时期关于读经曾引起几次争论，时隔四五十年，随着王财贵教授的一场报告，大陆的读经风又悄然兴起。当然这一浪潮同样伴随着新一轮的辩论，支持者与反对者各执一词，反响很大，此处不再赘述。目前，学界争论的结果基本达成了一致意见：经不是不可以读，关键是怎么读。王财贵提出的教育的道理，就是"在恰当的时机，用恰当方法，给孩子恰当的内容，使孩子得到恰当的成长"，这一理念本身是没有问题的，问题在于读经的具体操作方法有些偏颇之处，也造成了一些负面影响。父母和孩子一起读经，正好弥补了其不足，因为教育在某种意义上是上行下效，父母的学习能成为孩子摆正心态以积极的态度接受国学经典的强大动力。

家庭读经就是在对读经运动的理论和实践的批判吸收和借鉴的基础上，以理性的态度对待学界论争，在实践中探索出的一种行之有效的读经方法。家庭读经主要是在家庭中以亲子共读为主要形式的读经活动，读的内容不仅包括蒙学读物，也有儒、释、道、医、兵各家代表性经典以及外国经典名著，具体内容选择上可结合家庭文化背景和儿童兴趣，具有开放性和包容性，主要目的在于提高家庭教育的质量，在家庭生活中理解并运用经典的智慧，以此来实现多元文化背景下传统文化经典的创造性转化和创新。

三 深厚的群众基础

家庭读经的提出有深厚的群众基础，是在近二十年无数家长亲自带孩子一起读经的实践基础上不断总结反思而形成的。

根据梁漱溟先生的看法，任何活动应该是民众自发才有效果。有政府支持当然是好事，但真正推行还要看民众的自觉。传统文化的创造性转化也将会在民间文化的推动下自觉转化。譬如吃东西，食物是个整体，我们无法将对我们身体有用的东西先挑出来，我们只管吃下去，对我们身体有用的自然能吸收，对我们没有用的自然就变成废物排出体外了。读经亦如此，批判的态度也无不可，先挑出来对我们有用的吸收转化为我们的思想和行为的根底，对那些不能接受的或者反对的，先不要急于否定，先以同情地理解的态度想想人家为什么要那样说，道理何在，想明白了，就算我们不接受也会从另一个侧面增加慧识。倘若讲不出经典里的好，甚至连读都没有读过，只是以一些特殊年代的流俗说法来拒斥，一棍子打死，这是一种极端的文化虚无主义。一个人在几千年的传统面前究竟有多大力量？一个人面对不计其数人的实践证明岂能视而不见？

正如徐复观1952年在《当前读经问题之争论》中说："传统是由一群人的创造，得到多数人的承认，受过长时间的考验，因而成为一般大众的文化生活内容。能够形成一个传统的东西，其本身即系一历史真理。传统不怕反，传统经过一度反了以后，它将由新的发掘，以新的意义，重新回到反者之面前。"[①] 当代社会背景下，在现代化思潮下受了这么多西方的思想文化影响之后，所接受的传统文化绝不同于旧时，这自然有选择、有分析、有比较、有迎拒。挑出有用的提升我们的思想并在我们的实践活动中落实体现，这本身就是传统文化的新生。

第二节　家庭读经的益处

一　创造和谐的家庭环境

家庭是社会最基本的细胞。每个家庭都和谐了、稳定了，整个社会就和谐了、稳定了。最近几年离婚率的不断上升，说明当下中国的家庭关系越来越不稳定。造成离婚的原因虽然各种各样，归根结底是思想观念、价值追求的严重分歧，所谓"志不同，道不合"。"道不合"的现象在家庭内部不仅表现为夫妻关系，甚至父母和孩子之间的"代沟"也造成上下两代人之间的冲突不断。思想多元的时代，社会需要核心价值观，早已忘却了家道、家风与家规的家庭也需要凝聚力，需要有正确的精神指引作为家庭成员的共同追求，如何重建这个精神共同体已经成了摆在我们面前的一种迫切需求。民间推广传统文化的活动越来越受到关注，通过学习传统文化改善家庭关系的案例越来越多，实践证明，通过学习祖先遗留下来的传统文化瑰宝，不仅可以解决自身的精神危机，还能使家庭和睦幸福，提升全民社会公德和

---

① 徐复观：《当前读经问题之争论》，载李维武编《徐复观文集》第1卷，湖北人民出版社2002年版，第254页。

精神文明水平，是一件利家利国利民的大好事。

传统对于家庭和谐的重视，有利于孩子的身心健康。通过亲子阅读进而影响到家庭内全部成员，形成爱读书、读好书的家庭氛围，借经典的力量提升家庭成员的精神素养，从而构建和谐家庭乃至和谐社会，是传统儒家修身、齐家、治国、平天下的社会理想在现代社会的具体实现。

二　能培养心性磨砺德行

家庭读经有利于增强家庭成员之间的感情，尤其是改善亲子关系。现代的父母一是工作太忙没有很多时间跟孩子进行有效交流，二是不自觉地受控于手机、电脑等电子产品给孩子树立了不好的榜样。忙碌的父母如果静下心来和孩子一起通过学习提升个人修为，父母和子女之间的关系会更和谐。家庭教育是个人修身和成长的本源和基础，从洒扫应对、待人处世的细节处入手，从家庭里矛盾争端的化解着手，从孝悌亲情开始，从父母和子女之间那种最真最纯的感情出发，推己及人，仁民爱物，最终将有利于孩子心性和德行的成长。

三　有助于搞好家庭教育

现代教育体制过多注重知识技能的学习，注重成才而非成人。家庭教育应该意识到这种弊端，主动承担起成人教育，教孩子怎么做人是在父母的言传身教中不知不觉形成的，它不是靠学校开设什么课程就能解决的问题。家庭读经避免了纯读经的缺陷以及目前体制教育不能提供大量经典阅读的不足，同时读经内容中选择阅读诸如《朱子家训》《颜氏家训》等书籍，有助于借鉴传统中优良的家庭教育资源形成良好的家庭教育环境，从而形成属于自己的良好的家训家风，并为我们继承传统文化的优良基因重新构建新时代文化提供有益的参考。

四　建立良好的社区文化

费孝通先生在《乡土中国》一书中提出了"熟人社会"的概念。在当下社会转型的进程中，"熟人社会"消退，我们常常会回忆与怀念"熟人社会"的那种邻里温情，焦虑"陌生人社会"的互不信任。然而，随着社会发展，科学进步，尤其信息时代到来，人们"相互联系起来"更加方便，联系范围更加广泛，认识、熟识程度可以更进一步加深，人们之间距离可以逐渐拉近和缩短。所以，有效利用网络的方便，可以使我们重构熟人社会的温情和彼此为对方提供尽可能的便利。

重新构建"熟人社会"的温情，是推行家庭读经活动的社会学基础。经典教育不仅能解决孩子的教育问题，也有利于解决家庭问题。因为社区读经活动的开展，使原来很多不认识的邻居不仅为彼此打开了家门，也为彼此打开了心门，从而有效减缓了心理压力。邻里之间团结互助，构建了一个积极、健康、向上的文化氛围。比如，某个家庭有事的时候，可以委托邻里帮助照看孩子。家长们一起联合起来，聘请某方面有专长的家长给孩子们上课，组织集体活动，假期相约一起游学，使孩子们玩乐有伙伴，学习有伙伴，解决了城市孩子孤独的问题。经过初步实践和尝试，家庭读经被证明不仅有利于孩子的经典学习，也有利于构建文明和谐团结友爱的社区邻里文化。因此，这一做法值得总结经验，并向社会推广普及。

五　创传统文化教育环境

大量纯读经活动中能进入书院读书的孩子是少数，很多孩子及其家长带着满腔热血不惜以孩子以及全家的未来为这一理念下赌注，最后不得不望洋兴叹。孩子注定一生下来就是父母的责任，不要希望通过外包式教育点石成金成龙成凤。家庭依然是孩子健康成长的最好的环境。在这样一个时代，父母的成长必须和孩子的成长同步，孩子年龄小时，父母有能力带孩子一起读书一起探讨，等孩子大一些父母就会为孩子的成就赞叹，等孩子有成就时反过来还能带动父母的学习。这样就处于一个家庭终身学习的氛围中，这样的一个爱学习重求知的民族何苦而不强大！

第三节　家庭读经的原则

一　以娱乐促学习

开始时，尤其是在幼儿时期可以选择那些音辞优美，富于韵律和人文内涵的经典来开蒙识字。比如《三字经》《千字文》《弟子规》《笠翁对韵》等，其实，像《道德经》《大学》等经典都是文辞非常优美的，选择这些读物的目的是易学好记，容易引起儿童的兴趣，尤其适用于对声音比较敏感的孩子。小学阶段可以重点学习朗读和吟诵，体会文字的声音美。并且吟诵则能将有韵的无韵的统统变成好学好唱的材料。王财贵认为要用高难度的学习覆盖低难度的内容，因此他主张一开始就学习《论语》等经典，但一般人认为从音乐性强的文字开始比较好。其实，古人自有一套教学方法，吟诵可以很好地解决这个问题。虽然鲁迅先生描摹了记忆中私塾先生读得沉醉时的情景，带有一定的批判色彩，但是不妨碍我们能从中体会到吟诵所能带来的陶醉感。

这些经典现在已经有很多配乐诵读甚至吟诵的音频视频资料，儿童可以像看动画片、学唱歌一样轻松地在审美体验过程中愉快接受。尤其是吟诵可以说是古人歌唱的方式，不仅可以在不知不觉中掌握平仄音韵，而且可以通过这种近似古人的发声方式在唏嘘吐纳中加深对文章思想情感的体验。

在此过程中，家长可以根据孩子情况有意识地引导孩子"无意识"识字，孩子初读经时，同一个字在一本书能读出字音，但换了另一本书可能就不认识了，家长可以跟孩子玩找字游戏，拿一本书找另一本书里相同的字，这对孩子来说跟玩拼图游戏一样有意思、有成就感，或者外出时让孩子找出读过的经典上的字，这样就能培养孩子对汉字的兴趣。汉字本来是图画，记住汉字与记住图形本质上并没有很大分别，这样通过读经，汉字的音与形已经不是问题了，至于字义可在经文里联系上下文来理解，在识字以后的独立阅读中揣摩。经过试验研究发现，读经儿童猜字蒙意的能力相当强，他们会在生活中运用一些发音"很怪"的字词——因为发音错了，但是大人能理解这是他们学到的新词。

二 以背诵促理解

民国以来关于读经争论最大的地方就在于是否理解的问题。

关于幼儿教育的种种理论目前分歧较大，有人认为儿童时期记忆力强理解力弱，所以要加强背诵不去解释经典，有人认为幼儿时期理解力和审美力都很强[1]，光背不解释同样是违背人性的。无论是前者还是后者，这两种观点都是从大人的知识经验所做出的判断，而并非通过实验的方式以孩子的实际情况为依据。总的来说，记忆力和理解力是同步发展的，只不过幼儿时期相对于青少年和成人记忆力优越于理解力，我们不能片面强调一个而忽视了另一个。据测试，经过一段时间读经以后，即使没有父母的帮助和任何参考书的提示，儿童对于很多经典里的句子能说出大致的意思，尤其是对句意选择题能较为准确地选择判断。

在实际操作中，通过对比我们发现最好的方式是初期读经基本不解释，对于一些最基本的内容可以适当作解释，比如，要说清"孔子曰"就是"孔子说"的意思，也可以从一篇中挑出一两句跟孩子生活关系比较密切的来解释一下。当然，有少数孩子可能会对经文的意思产生好奇心，会问家长，那就按照公认的最好的注译本适当解释，但注意不要养成句句都翻译的习惯。不解释的原因有二：一是鼓励孩子自己在生活中去发现领悟，悟出来的东西才是真正属于他自己的，

---

[1] 方朝晖：《读经应该遵循的三个原则》，《中华读书报》2016年11月23日第9版。

也是我们读经典的根本所在,而不是死记住这句古文标准的翻译方法。在我们的实验中可以看到,对于长期坚持读经的孩子即使不讲解对经典原文也会有一定程度的理解。二是经典之所以是经典就因为它本身有丰富的含义,"言有尽而意无穷",有很大的解释空间,乃至后人有"六经注我""我注六经"之说,如果一开始就给孩子一种固定的说法就等于限制了孩子思维多方面发展的可能性,影响了对经典活的阐释和应用。只有当孩子有了一定的生活感性经验以后,在能够熟读甚至背诵四五本经典以后,在积累了一定的古汉语感性认识以后,适当就一些篇章逐字逐句分析、讲解,再加上探讨,效果比较好,一开始就解释也会造成孩子理解力和领悟能力受限。在一定量读经积累的基础上再通过解释,结合实践会取得比较好的学习效果。

三 以探讨促运用

中国自古以来非常强调知行合一,中国思想文化的特点是形而上的思考与形而下的实践与体认相结合,而且非常重视实践功夫。读经不是单单为了提高孩子的作文能力,不是为了应对日益严格的语文高考,不是为了引经据典为个人的博学多识加分出彩,而是在实践中寻找一种行为依止的规则,一种生存的智慧,一种应对未来的眼光。

在调查研究中,我们发现家庭读经中的孩子有将经典里的话运用到实际生活中的能力。这样的实例非常多,比如有一个孩子读了《论语》以后,有一天在家里听到一个老先生70岁才开始发奋学习的故事,这个幼儿园的孩子居然对家长说:"这个故事讲的就是'朝闻道,夕死可矣'的道理。"还有一个孩子看见两个小朋友为了争东西打起来了并惊动了双方家长,这孩子在一旁评论道:"这就是'小不忍而乱大谋'。"甚至经典里的话不知不觉会成为他们思考和选择的依据,比如妈妈心疼发烧的孩子,说:"今天病了,还要不要读经?"这孩子脱口而出:"读吧,天行健,君子当自强不息。"这几个孩子都是读经一年左右的五六岁的孩子,尽管他们的运用不一定很恰当,但也不能说是错的,基本代表了他们自己的理解。我们有理由相信,随着年龄和阅历的增加,这个思考点会带给他们越来越深、越来越成熟的思想。

父母是孩子的第一任老师,也是最好的老师。所以父母在日常生活中要有意识一方面提高自己的国学素养,另一方面多跟孩子用经典沟通交流。在教学相长中也加强了父母和子女之间的感情交流,这恐怕是父母和孩子沟通思想,防止孩子出现心理问题的一种很好的途径。另外,父母也是能和孩子一起将认识落实到实践、落实到生活中去的最好的协作者。孝是儒家人伦情感之始,而这种德行主要是在家庭中培养的,父母要率先示范,并长期坚持让孩子为父母做一些力所能及的事,使孩子从家庭琐事中养成为他人考虑的习惯。

第四节 家庭读经的方法

一　亲子共读五分钟,满腹经纶在积累

现在社会上有各种各样的国学机和国学班,家长已经习惯于将教育孩子的任务交给电子产品或者外包他人,相对于亲子共读,其效果可想而知。"靡不有初,鲜克有终",其实,家长每天只需要抽出五分钟的时间来和孩子一起读经并长期坚持下去,就能在提高自身素质的同时取得良好的教育效果。即使将来体制内学校普及国学诵读内容,这种亲子共读也是有必要的。

参与经典亲子诵读活动的家长大都看到这种情景:一般智力的孩子对一二百字的古文,总共只要读上20遍就能够背过来,这是大人很难赶上的。如果孩子和大人比赛背书,一般大人是比不过孩子的。每天百十字的短文读够三遍,再加上七天的复习巩固,孩子很轻松就能背诵(一般智力的孩子第四或第五天就能背诵),这完全符合现代心理学上的记忆规律。即使背完以后遗忘,也会在日后提及时如逢故旧,略读能诵,拾起来是很容易的,而且幼年时期熟背过的东西会终生不忘,成年后背的东西再多都很容易忘掉。对于家长而言,背诵已

经不是强项了，而理解和应用恰恰是他们的长处，所以在生活中运用经典里的智慧加以引导会让孩子的学习更有成效。

从幼儿时期每天5—10分钟的读经，对孩子没有形成任何心理压力，也不会占用很多的学习和玩耍的时间，这正是不背而背，同时也养成了孩子大声诵读的好习惯，对于小学和中学需要背诵的内容也不会有厌倦和畏惧心理，这种方法尤其适合男孩子，因为很多男孩理科好文科不好就是从小厌恶背书。有了诵读的习惯，一般智力的孩子都能顺利背诵，并轻松应对学校的各种功课。有诵读体验的人都知道，诵读可以使人六根专注、口生津液、头脑聪敏。

二　经史互参拓视野，发现培养兴趣点

《三字经》讲到了学习经典的顺序问题："凡训蒙，须讲究。详训诂，明句读。为学者，必有初。小学终，至四书。孝经通，四书熟。如六经，始可读。经子通，读诸史，考世系，知终始。"首先要学习小学，接着按照《孝经》《四书》《六经》的顺序学习，除了要熟背，还要通其大意，然后读诸史。这种读书的顺序是有一定道理的，学习古代经典需要经史互参。在读了一定量的经典后，要辅助让孩子读一些古今中外的历史故事书，一是为孩子将来解经做铺垫，二是喜欢上读历史书的孩子长大后眼界会比较开阔，因为历史关涉人类社会的方方面面。弄懂了历史的大体脉络后，家长接下去可以让孩子探讨经典里会涉及的政治学、管理学等相关知识，甚至细读科技史、考古学、经济史、音乐史、绘画史，等等，孩子比较容易触类旁通，厚积薄发。这样的孩子不仅仅会知道自己的兴趣爱好在哪里，更会有广博的视野、通才的气质。

即使孩子进了专门的以读经为特色的学校或者是现在越来越多的体制内中小学开始组织学生读国学经典，家长也不要撒手不管，可以选取适当的内容作为学校教育的有益补充，比如可以按照孩子的兴趣选取一些经典来读，想未来从事中医的就选择《黄帝内经》《伤寒

论》等中医经典长期坚持下去，有文学天赋的孩子可以大量阅读集部的文学作品，有艺术天分的孩子当然要好好读读老庄，准备从事科学类工作的读读《道德经》和《周易》。

三 涵养体悟重应用，交流讨论是关键

涵养性情，要从身边小事做起。古人重洒扫应对，家务事小，通过其对心智的磨炼再去进一步做孩子力所能及的事情，从而让他们懂得如何敦伦尽分扮演好人生的每一个角色，这本身是学习也是实践，使经典中的道理与现实相互参合有所得有所悟。中国传统文化经典不是光背就可以的，在实践中才可以进一步领悟其真谛，这一点对没有实践功夫的人是很难说清楚的。如果缺少了这个重要的实践环节，空洞的学习并不能给我们带来多大的实际益处。

《礼记·学记》云"一年视离经辨志，三年视敬业乐群"，与自己的邻居或朋友组成一个交流团体或者学习小组，一方面有助于我们相互督促长期坚持下去，另一方面在讨论中能相互学习相互激发。即使周围没有学养丰厚的老师指导也没有关系，现在的网络资源很发达，越来越多的在线课程为我们进一步了解经典提供了资源支持。

笔者组织的家庭读经实验中集中了一些专门搞传统文化研究的家长，在孩子读经四五年有了一定的基础之后开始讲经，采取假期集中学习讨论与平时每天学习相结合的方式。平常每天不超过15分钟，主要是熟读约百字短文后，然后通过手机听逐字逐句讲解。讲解注重结合相关的历史背景知识和写作上的经验技巧以及孩子的学习生活等现实问题。这样下来一年的时间，一本佶屈聱牙的《尚书》就学习完了。孩子们（主要是小学阶段的）在假期集中讨论学习时还写了阅读感言，他们小小年纪就能旁征博引，谈古论今，并结合自己的学习和家庭生活中的一些感受，颇有思想深度，远远超出了一般小学生的作文水平。

◆◆◆ 下篇 实践传承

第五节 需要注意的问题

王阳明在《社学教约》言及儿童之性:"大抵童子之情,乐嬉游而惮拘检,如草木之始萌芽,舒畅之则条达,摧挠之则衰萎。今教童子必使其趋向鼓舞,中心喜悦,则其进自不能已。譬之时雨春风,沾被卉木,莫不萌动发越,自然日长月化;若冰霜剥落,则生意萧索,日就枯槁矣。"[1] 他非常看重接受者的内心状况,使儿童心中喜悦,则进不能已,倘若动辄得咎逼迫勉强,则兴趣丧失殆尽。所以,在教学方法上我们应该充分考虑儿童的天性与接收能力,家长一定要注意以下几点:

一不要贪多求快。要根据孩子的接受能力循序渐进,对于幼儿园阶段生性爱动的孩子,刚开始时读三五句,多重复几次,就像记住电视中的广告一样不知不觉就记住了,学习品质比较好的一开始就可以坚持每天读五分钟,然后根据接受情况适量增减。王阳明也说:"凡授书不在徒多,但贵精熟,量其资禀,能二百字者止可授以一百字,常使精神力量有余,则无厌苦之患,而有自得之美。"[2]

二不要和别人攀比。这几年的实验中往往会看到家长们拿孩子相互比较。孩子的成长过程有个体差异性和阶段性,不同方面发育各有早晚,兴趣点敏感期出现的时间也因人而异,所以千万不要攀比。攀比无形中会打压孩子的读经积极性,让孩子反感读经。能将读经活动坚持时间最长的才是最后的胜利者。

三不要强制背诵。只要求遍数即可,"大道至简似平常",重复得多了自然能记住。强制背诵会对人形成一种压力,而学习经典应该是一件快乐的事情,千万不要让读经变成孩子新的负担。儿童读经运动

---

[1] (明)王守仁:《王阳明全集》,吴光等编校,上海古籍出版社2011年版,第100页。
[2] (明)王守仁:《王阳明全集》,吴光等编校,上海古籍出版社2011年版,第102页。

前期出现过一些问题，也主要是方法的问题，而这些问题常常是被攻击的把柄，我们要从中吸取教训。

每个家庭的情况不同，每个孩子又是一个独特的个体，别人的经验只能供借鉴和启发，但都不能一味照搬。每个家长在教育孩子方面都是一个创造者，只要用心探索都可以结合自己的具体情况摸索出最适合自己孩子的方法。

第六节　家庭读经的时代意义

我非常赞赏柯小刚先生的说法：真正的儒学本身就是生命成长的学问，或者说就是教育的学问，"这种意义上的教育是《易经》蒙卦所谓'山下出泉'的'发蒙'，是陶冶涵泳、变化气质，是新旧之间的健康张力，是生命本身的自我突破和成长"[1]。幼年时期读经培养德性，以此来调整心性，建立是非对错的观念，培养作为社会人的良知，以免将来碰壁后回头再寻求德性自我的建立，那付出的代价就无法估量了。

《周易》是中医理论之根，《庄子》《老子》是中国传统艺术之根，儒家经典所提倡的孝道是中国古代伦理政治之根，如果不读经，这些文化的继承和发展从何而来？现在很多人看古人的文学作品都很吃力，在理解上都有隔膜。如果不读经，说中华文化的命脉从此就断了也不为过。家庭读经可以有效弥补当前学校教育的不足，同时弥补外包式读经的不足。

家庭读经是优秀传统文化在新时代寻求创造性发展的一种有效途径：我们一方面学习科学文化知识，另一方面学习掌握古人的智慧，并在实践中将二者紧密结合起来，才能创造出符合新时代需要的真正

---

[1]　柯小刚：《当代社会的儒学教育——以国学热和读经运动为反思案例》，《湖南师范大学教育科学学报》2016年第4期。

的文化。这个文化的创造过程不能指望个别学者在书斋中冥思苦想能给出我们解决时代问题的灵丹妙药，也不是对西方文化的亦步亦趋就能屹立于世界民族之林，而是要通过自己身体力行，通过自己的学习实践来真正体悟，像梁漱溟先生一样通过社会实践来寻求真正的民族文化发展的方向和未来。真正伟大的力量是人民群众，真正伟大的思想是经得起实践检验的历久弥新的。要使优秀的中国传统文化在当今社会背景下创造性转化的途径道路可以有很多，但是离开了经典的学习都几乎是无根之木无源之水。

案例：母子读经记

（一）有心开头也不难

大概孩子两岁多时，我跟他说："妈妈要背书了，你给妈妈帮帮忙好吗？"儿子很乐意，我读了一章《道德经》后开始复述，故意中间停下，很着急地说："哎呀，我忘了下句了，你能告诉我吗？"谁知他居然神对了一句。于是，我就很明确地告诉他："如果妈妈忘了，你要给妈妈提词，如果妈妈背错了，你要给妈妈指出来。"他非常痛快地答应了，几遍过后，我只背了开头一句，他顺着就把第一章背过来了，总共用时大概5分钟左右。一连试验了三四个晚上，他就能背5章了。那时候，他连话都说不太清楚。

遗憾的是，我浅尝辄止了。

直到孩子4岁多，我把《道德经》用一号字打印出来贴在入户门上，然后告诉他："读《道德经》可以让人变得聪明有智慧，妈妈最喜欢听到宝宝读书的声音了。"结果，他反而不就范，对那些白纸黑字不感兴趣。这时，他已经有了一定的识字量了，开始着迷于各色儿童书籍，4个月就看了100多本书。我觉得这样下去是个危险的信号，他会越来越不喜欢那些听不太懂，看上去也很无趣的古文。害怕硬逼会产生厌学情绪，我就在生活中趁机念上一两句加深他的印象，如果他主动读了门上的句子，我会马上发给他平时管得比较严的零食。慢慢地，他能一章一章地背诵了，而且养成了一种习惯。

（二）把读经变成唱经

没几天，儿子能把《大学》的前五章背过来了（参考了赖国全的"累积式"①读经法，同时还读着《道德经》）。

《大学》文采飞扬，充满了韵律和节奏，我给他读的时候一般是用自创的韵律和节奏。我发现只要自己听起来感到很美，孩子也会喜欢听，听着听着顺口就会背了。关于音乐化，我主要是从读书时声音的高低、强弱、粗细、快慢、长短以及停顿上下手的，可以模仿孩子喜欢的歌谣的调子，也可以模仿某种动物或者某个动画人物的声音。

后来发现，只要我能把某段古文读顺口，稍加音乐化，孩子就能背过来了，而我的记忆力无论如何都赶不上孩子。

（三）做个好孩子很简单

我家儿子偏于调皮捣蛋型，因为太有自己的想法，特立独行，经常会违背老师和家长的要求，搞得我黔驴技穷只剩一吼。并且，越是批评，越是叛逆。

突然有一天想起，既然读了《弟子规》，为什么不用《弟子规》教育他呢？我开始有意识训练他："《弟子规》上讲'父母呼，应勿缓'，就是说爸爸妈妈喊你，你要马上答应，要不然，看不见宝宝还以为宝宝走丢了，该多伤心！"他听了很上心的样子，我马上开始训练，喊一声他的名字就让他马上答应，他都做到了。初见成效后，等我想再继续下去时，他开始不耐烦我的说教，不买账了。怪不得有人说《弟子规》的行为落实不适合学前儿童。为了不让他反感，我就立即停止了。转念想，反正"入则孝"部分已经和很多小朋友一起读

---

① "累积式"是赖国全系统提出的一种教育方法，又被称为"137学习法"。"1"就是每天至少读一遍，最多7遍，一种内容约10分钟；"3"就是一天可以选择读3样书，最多读7样，如同时读《论语》《易经》《老子》；"7"就是指连续7天重复相同的读书内容。累积法主张一天的学习量为400字左右。不过学习量是一个参考值，可根据孩子的接受能力灵活掌握。学习时间一次约10分钟，一天两三次，每天学习时间约为半小时。

了,不如让他看看这方面的故事。于是,就在网上买了一套"中国传统文化故事绘本国学篇",买回来扔给他。

我没有时间给他读,也没想到他居然能看懂。有天晚上,我说:"你看,妈妈这几天都累病了,在吃药呢,你要多体谅体谅妈妈。"他突然说:"妈妈,从前有个小孩,他的妈妈病了,想吃鱼。可是当时是冬天,河里结冰了,没有鱼,怎么办呢?"我想起这大概是我给他买的那套书里一本《卧冰求鲤》的故事,就很认真地听,鼓励他讲下去。结果,他居然把那个故事又生动又完整地讲了下来。我亲了亲他,说:"妈妈太开心了。你知道妈妈为什么开心吗?""为什么?""妈妈太喜欢听你讲这个故事了,太喜欢故事中的这个孩子了。看他多知道孝顺妈妈。"儿子听了,很认真地说:"那我以后天天给你讲这个故事怎么样?"我说"好"。他说:"我天天给你讲这个故事,还要照顾你,等你老了我给你做饭、洗脚、买东西,好好照顾你。"他说得很真诚,听得我感动得想哭。

这个晚上,他好像一下子长大了,一个人看看书,一个人照料自己,最后独自脱衣服睡了。要是以前都得我陪着,还闹半天都不睡。我在想,究竟是什么打开了他的心?也许,孝是一个人心中最柔弱的也是最原始的力量,所以聪明的古人选择了"孝"作为了教化之初。

(四)学以致用乐无穷

儿子读经时我一般不过多解释,但是遇到能结合生活实际运用的机会绝不放过。除了读《道德经》的时候结合幼儿园小朋友经常抢东西发生矛盾讲了"夫唯不争,故无忧"的道理,还有很多这样的例子。

有一次,他从幼儿园回来,告诉我某某小朋友今天做了坏事,但是我就没有跟着他学。五六岁的小男孩很叛逆,很容易学坏,如果有人带头干点挑战大人权威的事,立即一窝蜂似的跟着学,比如有人说一句脏话,他们都会跟着说。我知道,儿子之所以没有跟着干坏事,是因为前几天读《论语》时我无意解释了"三人行必有我师焉,择其善者而从之，其不善者而改之"。孩子很小的时候就有分辨是非对错的能力，但是缺少择善的意识，管不住自己才会干坏事。我于是趁机表扬了他《论语》学得好，再次强化了这句话对于我们实际生活的意义。

在读经过程中，家长可以没有孩子背得快，但是一定要比孩子理解得深，这样才可以把古老的经典变成对我们当下真正有用的东西，结合到实际生活中来，成为我们立身处世的一部分，甚至成为我们的家规家风代代相传，经典才会发挥真正对我们有用的价值。只有这样，传统文化的学习和继承才可以做到根深蒂固、枝繁叶茂！

（五）静候花开的声音

许多家长花很大的代价让孩子学某种才艺，并且能锲而不舍，但是对坚持读经典却没有概念。其实，读经典和练钢琴是一个道理的，坚持下去就有效果，想起来弄两下子是看不出效果的。贵在坚持，是我带儿子读经一年半以来最深切的感悟。

我儿子天生顽劣，资质不高。开始读经的时候根本不配合，我读我的，他玩他的。我也不生气，我知道他会偶尔留意妈妈读的内容，即使听进去一句也好。就这样，我硬是把他熏得会背《道德经》的部分篇章。因为我工作很忙，读经就没有时间读故事书了，所有有图画的书都让他自己读，所以开始时他多少有些反感和不快，居然吵着要把那些经典当作废品卖了。我告诉他，你要是不喜欢可以不读，但是读书是我的事，我想做一个有智慧的妈妈，因为读经可以让人变得聪明有智慧。当初，为了让自己更好地坚持下去我就成立了一个读经班，带着一群家长和孩子每周读经，提醒自己不要懈怠了。读经班里有些孩子一开始就能配合得很好，读得很认真，可我儿子偏偏故意捣蛋，开始半年每周日上午去读经班读经时，他磨磨蹭蹭甚至还哭着不去，尽管读经活动有他非常喜欢的故事表演环节。不管他愿不愿意我只管走在前边，他往往落在后面，最后还是不情愿地去了。

慢慢地，读经成了我们家的一种生活习惯，他就不再排斥，再加

下篇　实践传承

上我的引导他就开始主动就范了。一年下来他的识字量猛增，居然能自己解释并运用经典里的一些句子，开始体会到读书的快乐，每到读经时间就乖乖地坐在那里开始跟我一起读书。如果哪天我太忙了，睡前懒得读书了，他还会提醒我今天忘了读经了。我也不敢偷懒，即使累得一句话都不想说，也要坚持最少读上两种（按"137读书法"）。有一次，他生病发烧，浑身无力，到了傍晚，他问我："妈妈，我们今天晚上还要读经典吗？"我狠狠心，说："只要眼睛还能睁开，就要坚持天天学习。"谁知，儿子居然用愉悦的音调说："好。天行健，君子当自强不息。"又让我暗暗佩服他一次。

到别的小朋友家玩，最吸引我儿子的不是玩具，而是书。当别的孩子在玩具堆中不亦乐乎时，他常常捧书静读。自从开始读经典以后，买的图书也很有限。他已经会借书读，读得也格外认真。

（六）四个大大的惊喜

晚上读完书准备洗漱睡觉了，儿子突然对我说："妈妈，我要给你个大大的惊喜，跟以前的不一样哦。"我问他是什么惊喜，他不告诉我，说："一会儿你就知道了。"

我没在意，跟他一起去刷牙，他叫道："妈妈，等一等，我要给你挤牙膏。这是给你的第一个惊喜。"的确出乎我的意料，以前都是我给他挤好牙膏，等待他刷牙。眼看着他笨手笨脚地爬上洗手台，从上面的镜柜里取出牙膏和杯子，然后小心翼翼地挤好牙膏，我能感觉到他做这些事情的用心。

刷完牙要洗澡，他叫道："等等，让我给你的洗澡水调温。这是给你的第二个惊喜。"真的又是一个惊喜，没想到这么小的细节都能被他看在眼里，记在心里。他先用手指快速感觉一下水温，然后加冷水，用小手搅拌，试了几次水温终于满意了，让我洗，水温正好。我总以为他是一个不够细腻的粗粗拉拉的男孩子，没想到他能在这么小的事情上留心。

平常都是让他自己先洗，然后借口说帮他擦干身子再检查一下。

等我冲过水出来，他又叫道："等等，妈妈，让我来给你擦干，这是第三个惊喜。"这似乎是他力所不能及的事情，但是他还是学着我的样子把耳后、腋窝、脚部都擦拭干净，那种感觉真的是非常幸福。

最让我想不到的是，他先进了蚊帐，我把卫生间的水擦干，把房间的灯关掉后走进卧室，他说："妈妈，让我给你打开蚊帐拉链。这是第四个惊喜。还有，我把床单被子都铺平整了。"他在换位做我为他做的一切，我简直要幸福晕了！

我问他："你为什么想要给妈妈这些惊喜呢？"他说："因为妈妈照顾我很辛苦，我也要照顾妈妈。妈妈，你觉得我是不是一个孝顺的孩子？"我奇怪究竟是什么让他有这个念头，然后我试探着问："是不是这些天我们一直在读《孝经》，你才想到要做一些事情来孝敬妈妈？"他答道："是啊，我天天读《孝经》，我要孝敬妈妈。"

接下去的几天他几乎天天都要这样做，而且，给我的"惊喜"也越来越多。

我无法用什么科学的办法来证实这些行为和读《孝经》之间存在着必然的联系，但孩子有这些表现不能不说跟长期的熏习有关。我想，等背会这部经典，这个善念就永远种植在他心里了。

第七章　民间文化的引领教化（上）

上一章着重从家庭内部建设探讨孝文化的当代发展问题，这一章将致力于探讨孝文化建设外在的风化机制，重点是对由家庭外部的民风民俗进行研究，考察社会对普通老百姓进行孝道教育的实施方式。

民间文化对孝道的引领是表现在多个方面的，在以前民间日常的风俗与礼仪对孝道的传承起着非常重要的作用，是对后辈进行熏陶和传习的重要方式，但是近十几年来民间传统风俗和礼仪日益淡化、衰落。本章与下章从流传时间较长的民间孝故事和戏曲这两个方面来略加剖析。

"二十四孝"和众多的民间孝故事，历来作为榜样教化的典范而润物细无声。虽然五四时期儒家孝道开始遭到批判，但近些年来，随着继承优秀传统文化的大潮，"二十四孝"图文并茂的故事越来越多地在街头巷尾的广告宣传栏和墙壁上出现，然而很多现代人对"二十四孝"的故事颇有非议，因此，对"二十四孝"的榜样教化作用很有必要做一番客观而全面的省察。

第一节　教化的主体和对象

儒家原本非常注重教化，认为教育是改变人类行为的关键，"也是解决政治和社会问题的关键"[1]。其中一个重要的途径就是通过榜样

---

[1] 余维武：《论先秦儒家的榜样教化思想》，《教育科学研究》2018年第6期。

教化提升德行修养、美化醇厚风俗、安定治理国家。教化对象是全体国民，而教化的主体却是圣王贤君，[①] 是民众学习效法的榜样。由于君王"其身正，不令而行；其身不正，虽令不从"（《论语·子路》），君王可以说既是最重要的教化的主体也是儒家教化的对象。而"二十四孝"其特殊性在于教化的主体不仅包含君王，还包含社会不同阶层不同地位的普通人，具有最广大的代表性和普适性。

一 故事形成的民间性

与《孝经》等儒家经典孝论不同，"二十四孝"源自两汉开始出现的孝子图，是民间孝道观念的宣传品。

（一）从故事源流来看

"二十四孝"所反映的孝子孝女故事最早来自于民间，为时人认可并广为传颂、刻画，后定型而世代相传。一般认为，西汉后期的刘向所作的《孝子传》或《孝子图》是中国最早出现的孝子传或孝子图，因而常被引用以说明汉画像孝子图的出处，但二者所表现内容是有出入的，所以也有人认为"刘向《孝子传》极有可能出于后人之手"[②]。"二十四孝"所反映的孝子故事与官方的《孝子传》《孝义传》是有出入的。关于是先有孝子传还是先有孝子图，目前学界是有争议的，以日本学者黑田彰先生为代表的学者认为最早的汉画像中的孝子图是孝子传的图像化，也有人从汉画像图的质朴性、系列性以及汉代相关文献的阙如上来看认为是孝子图在先，相关的孝子传在后。[③]到底二者谁在前谁在后都属于推论，可以肯定的是，民间的画匠和工匠选取的是当时流传很广的故事，画面即使没有文字加以说明，读者看一眼也能心领神会。

[①] 李承贵：《儒家榜样教化论及其当代省察——以先秦儒家为中心》，《齐鲁学刊》2014年第4期。
[②] 黄婉峰：《汉代孝子图与孝道观念》，中华书局2012年版，第180页。
[③] 黄婉峰：《汉代孝子图与孝道观念》，第184页。

（二）从作者身份来看

从出土墓葬里的孝子图来看，主要故事人物是存在差异的。"二十四孝"的故事在内容选择上各朝代都有增减，直到元代才固定下来。"二十四孝"的编者郭居敬，现能看到最早的版本是日本影印的抄本，首页下方题有"延平尤溪郭居敬撰"，卷尾署有"岁嘉靖廿五己巳年刊"的字样，以此推测作者是元代福建延平府尤溪县人士。[①]郭居敬并非官员，但笃孝博学，双亲去世时哀毁过礼。他曾选辑二十四位孝子的感人故事，并为每个故事配上一首诗，用作儿童的启蒙读物。后来到明末时，在此基础上有人进行增删编订成《二十四孝日记故事》，以四字句命名篇名。于是，这种内容和形式成了后来绝大多数"二十四孝"故事刊本所依据的通行模式。[②]

二 孝子的广泛代表性

我国古代儒家的榜样教育分为家长、教师、官员三个层面，"形成了家庭、学校、社会榜样教育的三维体系"[③]。"二十四孝"故事中的人物除了有官员、儒门圣贤之外还有普通女性和未成年的小孩子，具有广泛的代表性和巨大的感召力。

（一）按朝代分

故事中的人物有先秦时期的，也有汉代、魏晋南北朝、唐、宋等各代人。时间跨度将近两千年，几乎每个朝代都选有孝子的代表。这照顾到了榜样的普遍性，说明孝道从古到今一以贯之，同时也说明各朝各代都是孝贤辈出，为激励人们立身扬名于后世预留下了空间。

（二）按人物身份分

"二十四孝"主人公有帝王、有贤德之人、有当官的、也有普通

[①] 叶涛：《二十四孝初探》，《山东大学学报》1996年第1期。
[②] 叶涛：《二十四孝初探》，《山东大学学报》1996年第1期。
[③] 鲁成波：《中国古代榜样教育体系的三维构建》，《齐鲁学刊》2014年第4期。

老百姓。孝子榜样各个阶层都有，这说明"孝"是各阶层的人统统要遵守的。

这里最典型的要数"亲尝汤药"。汉文帝可以作为帝王的优秀代表，其母薄太后三年病重期间，他夜不入睡衣不解带，母亲服汤药他都要先尝。皇帝的权势绝对不用自己动手就能照顾好老母，为什么要亲身侍奉呢？有没有必要？就算不排除作秀给天下人看的政治意图，那这种做法也有一种情感上的联系，是在报答母亲生育之恩。儿子能亲自照顾自己，作为母亲心里满满的都是温暖和幸福，跟别人照顾的效果大不相同。

与这个故事有点相似的是黄庭坚涤亲溺器的故事。黄庭坚是北宋著名诗人，身居高官之位，但每天晚上还要亲自为母洗涤马桶，这个活儿又脏又臭的，估计没几个人乐意干，但他"未尝一刻不供子职"，没有一天甚至每一刻都不忘记儿子对母亲应尽的职责。

这几个身份高贵的榜样对当今物质上逐渐富裕起来的我们更有教育价值，很多人现在有钱了，孝养老人是不是找个保姆就行了呢？这就让人不禁想起了新闻报道过的"毒保姆事件"。一个身体本来硬朗的老人，在请了保姆4天之后突然死亡，引起了家人的怀疑。公安机关介入调查后，居然发现保姆用食物投毒、注射毒物等方法杀死了老人。这位保姆在短短半年内用同样的办法对付了10位老人，当警方问她，为什么要这样做时，她说："为了早日拿到工钱。"因为人死了有"晦气"，4天要拿一个月的工钱。大家都知道照顾一个老人比照顾一个孩子更麻烦，但是我们在给孩子找保姆的时候层层把关，精挑细选，舍得花钱，可是在对待老人的开支时往往就是尽可能少花钱。照顾老人的保姆工资是很低的，再加上保姆与老人之间没有感情基础，如果没有应该有的良心和责任等道德品质，在利益驱使下有人就不择手段了。

古时候父母被人杀了，那叫世仇，不共戴天，不惜以自己的生命作赌注，历史上记载了很多血债血还的例子。可是到了现在，如果因为我们借口忙于工作而疏忽了对父母的照顾，结果造成了父母的伤亡，这个责任又该找谁呢？把照顾父母的事情完全放到一边或者交给保姆，自己撒手不管就算尽孝了吗？要知道，连陈毅元帅还亲自为母亲洗尿裤。

还有一个弃官寻母的故事，主人公也是来自高官。朱寿昌年幼时，生母因受嫡母嫉妒而被迫改嫁出走，母子分离50余年。后来朱寿昌入仕为官，但想到生母生养之恩无法报答不能释怀，他曾血书《金刚经》四方寻找。后来终于得知母在陕西，他就毅然弃官而去，发誓找不到母亲永不复还。后来终于如愿以偿，母子得以团聚重逢。在古代社会，做了官就有了一切，享受荣华富贵，光宗耀祖，这是当时人梦寐以求的。但朱寿昌在孝母和做官二者的选择中，他摒弃荣誉和享受，甘尽孝子的责任。

我们现代人为了事业、为了前途、为了玩乐整天忙忙碌碌，我们还剩下多少时间能来陪父母？想当初，我们小的时候，父母照顾我们付出了多少？但是，今天我们肯为父母牺牲的又有多少呢？

（三）按年龄分

"二十四孝"的故事中有老年、中年和少年。最老的孝子是老莱子，70岁了，而最小的陆绩只有6岁，光未成年的孩子至少有8例。这说明，古代社会的孝道老幼皆宜，要从童蒙一直贯彻到老死。

其一，戏彩娱亲。老莱子是东周时期楚国人，为躲避乱世隐居蒙山南麓。他孝顺父母，一方面选尽美味给双亲享用；另一方面也最为难得的是，他为保持双亲的身心愉快而煞费苦心。经常穿五色的彩衣，作孩儿戏耍，让父母开心。有一次给父母送水不小心跌倒，他怕父母见状伤心难过，顺势躺在地上装小孩啼哭，以致父母开怀大笑，达到了娱亲的目的。

这个故事遭到了鲁迅的批判，他专门写过一篇叫《二十四孝图》的文章，而最使鲁迅反感的是"老莱娱亲"和"郭巨埋儿"。鲁迅认为这个戏彩娱亲的故事有些矫情。第一个问题出在"诈跌"上，他认为无论是老人和孩子都不要作假。第二个问题就是他认为这个故事将"肉麻当作有趣"。

当然，对同一个故事，仁者见仁智者见智，有不同见解是很正常的事情。以我一个现代人看来，跌倒了为避免父母担心采用些方便技巧，同时逗乐了父母也没有什么不妥之处，何谓"矫情"？另外，我们有多种娱乐方式，古代没有，拿什么驱走寂寞来解决年迈父母的精神空虚问题？别说戏彩娱亲让父母高兴了，我们很多人恐怕很少陪陪父母说说话吧？再说，就算没有"老莱娱亲"在我们身上重演，为了避免让年迈的父母忧虑担心，有时候我们会隐瞒事实真相说些善意的谎言，在道德上是否也很难再"白璧无瑕"？

其二，怀橘遗亲。陆绩虽年只6岁，已有孝母之心。一次父亲带着他到九江去拜谒袁绍的弟弟袁术，袁术以橘子招待客人。陆绩就偷偷往怀里藏了两个，走的时候一不小心橘子滚落在地上，袁术见状嘲笑道："陆郎来我家做客，走的时候还要怀藏主人的橘子吗？"陆绩心里没有鬼所以回答得很坦然，说："母亲喜欢吃橘子，我想拿回去送给母亲尝尝。"袁术见他小小年纪就懂得孝顺母亲，感到非常惊奇。陆绩成年后果然很有成就。一个小孩子的行孝方式虽然不太恰当，但我们看到了这个小陆绩身上的爱心、慧心和孝心。

（四）按性别分

故事中榜样有孝子和孝女，24个主角中男性共22人，而女孝子只有两个人。一个是14岁的杨香，她有一天跟父亲在田里劳作，父亲突然被一只大老虎叼走。危险时刻不是只有武松才能打虎，一个14岁的弱女子扑向前去，死死掐住了老虎的脖子，大概掐得老虎喘不过气了，居然放下她父亲走了。杨香毫不畏惧，"惟知有父而不知有身"，为了救父完全忘记了自身的安危。

另一个女性是唐夫人（乳姑不怠），她用自己的乳汁喂养婆母。大概是这位媳妇还年轻，可能还有儿女在襁褓之中，还有乳汁奉养婆婆。爱孩子容易爱老人难，唐夫人是在用爱孩子的心去爱老人。

女孝子人数少是因为中国古代社会是男权社会，女子地位比较低下，出于"三从"的要求决定了她们纵有孝行，也不容易得到社会的承认和赞扬。① 但是这里却有个有趣的现象:"二十四孝"里女性作为孝敬的对象占了绝大多数,总共有20个之多。其中,单独提到孝敬母亲的有13个(包括2个孝敬后母的),提到孝敬婆母的有1个,提及孝敬父母双亲的有6个,而单独提到孝敬父亲的只有4个,这4个中的"扇枕温衾"是说母亲早逝,黄香因为思念母亲的缘故更加孝顺父亲。小小年纪便能知冷知热,夏天他为父亲扇凉枕席,冬天自己先去给父亲暖被窝。在一个一向重男轻女的父权社会里,竟然如此强调孝顺双亲中的女性,这一现象实在"有些异乎寻常"②。有人认为,这是对所谓旧社会提倡的"贤妻良母"的补偿也是说得过去的。俗话说"养不教,父之过",社会给与父亲一种特殊的责任,以至于很多父亲只会板起面孔来教训子女,结果造成孩子对父亲的畏惧感。古代中国的家庭里一般是严父慈母,母亲常常会站在孩子的立场上给予孩子感情上的慰藉。这样一来,一般家庭长大的孩子几乎都亲母而疏父。就连《三字经》里先提到优秀父母的名次也是"昔孟母,择邻处",然后才是"窦燕山,有义方"。这恐怕就是"二十四孝"中多是孝顺母亲的真正原因。

这其中还有很典型的三个例子,都是关于后母现象的。

其一,孝感动天。据《史记·五帝本纪》记载,舜的父亲叫瞽叟,舜的生母死后,瞽叟又续娶了一个妻子生下了儿子象,象桀骜不驯。瞽叟因为喜欢后妻的儿子,就常常想把舜杀掉。20岁的时候舜就以孝闻名于世,30岁的时候,尧选舜为接班人并把他的两个女儿同时嫁给了舜。可是,他的父亲并没有因为舜的成功而改变自己对他的态度,瞽叟仍然想杀他。他让舜去修补谷仓的屋顶,自己却从下面放火焚烧。舜急中生智,用两个斗笠当降落伞跳下来。瞽叟又让舜去挖

---

① 李树军:《从"二十四孝"看传统中国社会的人伦关系》,《山东社会科学》1989年第1期。
② 叶涛:《二十四孝初探》,《山东大学学报》1996年第1期。

井,舜正在挖井的时候,瞽叟和象一起往下倒土填埋水井,幸好舜已有防范,早在侧壁凿出一条暗道逃了出去。亲父兄如此恶待自己,舜还像以前一样侍奉父母,友爱兄弟,而且更加恭谨。当了天子之后,舜乘着有天子旗帜的车子去给父亲瞽叟请安,和悦恭敬,又把弟弟象封为诸侯。

常言道:父慈子孝。父亲慈爱,子女孝顺,在父与子的关系中双方主体都有自己的责任和义务。而在舜的家里"父不父,弟不弟",甚至还要置他于死地,现实境遇里恐怕很少有人比舜更糟糕了,但他仍然默默恪守着孝道,表现出了极致的"善","事难事之父母,方见人子之纯孝"(《中庸》)。

其二,芦衣顺母。孔子的学生闵子骞,很小的时候生母就死了,他父亲又娶了个妻子生了两个儿子。后母是个偏心眼,只爱自己生的孩子,让闵子骞干苦活、脏活、累活,还给他吃得很差,想尽办法折磨虐待他。到了冬天给闵子骞缝的棉衣里面是芦苇絮。他父亲看到闵子骞哆哆嗦嗦的样子还以为他是装的想偷懒,于是就拿鞭子抽他,结果把衣服打破芦苇絮飘了出来。他父亲终于明白了真相,盛怒之下要休掉继母。就在这个时候,闵子骞跪下为继母求情,说一句让中国人感动了几千年的话:"母在一子寒,母去三子单。"可见,关键时刻他想的不是自己是别人。

其三,卧冰求鲤。王祥早年丧母,继母是个狠心肠,在他父亲面前经常说他坏话,让他父亲也不喜欢他。可是王祥对父母仍然很孝顺。有年冬天,继母病了,想吃鲤鱼,天寒地冻。据"二十四孝"的说法,是王祥脱了衣服,用身体温暖冰面,结果冰化了,从水里蹦出两条鲤鱼来。但根据《晋书》记载:祥解衣将剖冰求之,冰忽自解,双鲤跃出,持之而归。民间冬天捕鱼的做法是把冰凿个洞就可以了。"二十四孝"写到王祥卧冰的事迹是为了显现王祥行孝的困难,好像有神刻意帮助,这是民间故事中常用的夸张手法。

这三个关于后母的故事教育人们家庭成员之间要相互友爱,即使家人的行为乖戾，我们也应该用爱心与耐心去感化他们，而不应该针锋相对，激化矛盾。笔者有一年让学生讨论芦衣顺母的故事时，一个学生特别义愤填膺，说要我是闵子骞，早就把继母告上法庭了！即使法庭给了你公正的裁决，那结果也可能是这个家庭分崩离析，家人之间反目成仇，更不可能感化继母。孝顺并非逆来顺受，而是用智谋和爱心处理家庭成员间的矛盾，一是要善于站在别人的立场为对方着想，凡是家庭关系不和谐的，肯定是有人为自己考虑多为别人考虑少；二是要善于宽恕家人，家是个讲情不是个讲理的地方。《弟子规》上说"亲爱我，孝何难。亲憎我，孝方贤"，这在今天也值得我们借鉴。

总之，"二十四孝"的故事大多数来自民间，真正代表了老百姓的经验判断和价值取向，使这些故事更贴近老百姓，更为老百姓所喜闻乐见。

第二节　教化的场所和方式

儒家的教化方式偏重于以举善荐贤，发挥优秀人才的感召力，重点在于示范给人如何作为。"二十四孝"是一系列发生在过去的故事，其教化的场所和方式与其物质性存在直接关联。

一　教化的场所

"二十四孝"故事跟孝子图几乎是共生共存的，而孝子图最早所处的场所大体上有三种：一种是帝王宫殿。汉景帝之子刘余建造的鲁国灵光殿到东汉时依然存在，东汉南郡人王延寿到此游览作了《鲁灵光殿赋》，其中提到了壁画中有忠臣孝子，烈士贞女。一种是为教化百姓绘制于街衢或人流密集地段的孝子图，用于表彰和教化百姓。还有一种是绘制于家族墓地（包括祠堂、墓阙、墓室）的孝子图，昭示着后代子孙永远的孝心。① 除此之外，还出现在铜镜等器物上，只是目前存留下来的不多。后来随着纸张和书籍的出现，"二十四孝"的故事配着插图文字出现在童蒙读物里，直到民国时期。由此可以看出，孝子图所在之处多为专门进行教化的场所，颇注重耳濡目染，在长达两千多年的历史中一直与普通老百姓的生活水乳交融。

二　教化的方式

除了在后来的戏曲中出现，"二十四孝"一般以图片配合文字的形式出现，形象直观，便于不识字的老百姓直接领悟。就拿闵子骞单衣顺母的故事来说，在山东省嘉祥县武氏祠出土的汉代画像石就有两幅不同的图画。一幅在武氏祠西壁，图上有一辆马车和父子三人，分别标出"子骞后母弟""子骞父"，他们视线相连，表达的意思各有不同，闵子骞跪在地上似乎在恳求父亲不要赶走母亲，父亲在车上转过身来拥抱抚摸儿子，前边驾驭车辆的小儿子也回头张望。加上左上方的榜题"闵子骞与假母居，爱有偏移，子骞衣寒，御车失棰"，使人很容易明白这个故事的内涵。另一幅在武氏祠前石壁东壁下石画像第一层，画像上的主要元素还是一辆马车和父子三人，但有所不同。父亲站在车后，手里拿着东西右臂抬起，闵子骞跪在父亲前面，双手上扬拉住父亲手臂，小儿子回头凝望。闵子骞身后多了一位女子，身体前倾，右手持物。这幅图也同样表达了闵子骞以自己的谦恭忍让换得了家庭的和睦幸福的主题。

"二十四孝"以图画配合文字目的在于教导人们如何行孝，这些行为大体上强调了以下几个方面。

（一）孝在日常生活事务上

这里主要可分为两类：

第一类是生前的孝养和孝敬，有代表性的有以下几个：

---

① 黄婉峰：《汉代孝子图与孝道观念》，中华书局2012年版，第46—50页。

其一，啮齿痛心。曾参家里来客人了，母亲不知所措就咬破了自己的手指。远在山里的曾参感觉到自己的手指痛了就跑回家。这可能是家人之间有一种特殊的心电感应吧。通常人们说感觉比语言快一百倍，也许我们不需要说什么，但别人已能感觉到我们心里在想什么。如果从心里尊敬父母爱父母，不管什么样的父母都是能感应到的。

其二，百里负米。孔子的得意门生子路，少时家境贫苦，只能以野菜充饥。为了使双亲填饱肚子，他曾去百里之外寻找粮米，不顾路途遥远背回奉养双亲。后来子路做了大官，"有车百乘，积粟万钟"，然而他有再多的钱也没有机会奉养父母了。"树欲静而风不止，子欲养而亲不待"，子路在父母生前已经尽力孝养了，还遗憾未能让父母过上好日子，那我们为什么不趁父母健在的时候多多尽心呢？

其三，恣蚊饱血。晋朝濮阳人吴猛，由于家里贫穷买不起蚊帐，父亲受蚊叮咬无法安然入睡。凡到夏夜，小吴猛赤身坐在父亲床前，以稚嫩之躯吸引着蚊虫来叮咬自己，蚊虫吃饱了就不会再去咬父亲。他宁愿自己受苦，也不愿父亲受苦，一个幼小的孩子解决问题的方式不一定恰当，天真幼稚中却能见赤子之心。

其四，拾葚异器。时遭王莽之乱的蔡顺，在荒年只好以拾桑葚野果充饥。蔡顺把拾得的桑葚分置两个篓子中，把成熟可口的黑色桑葚给母亲享用，青的不好吃的留给自己吃，连抓到他的农民起义军知道后也为之动容，赠蔡顺米二斗、牛一头。他的孝行得到了社会的认同和回报。

其五，行佣供母。江革的模范孝行突出表现在两个方面：一方面，时逢战乱，江革背着母亲逃难。几次路遇强贼，面临杀身之危也绝不肯弃母而逃。另一方面，后来他迁居江苏下邳，把供养母亲看作最大之事，做雇工养活老母，自己宁打赤脚也不买鞋子，把省下的钱供养母亲。

除此以外，属于这类的还有单衣顺母、戏彩娱亲、怀橘遗亲、扇枕温衾、卧冰求鲤、乳姑不怠、弃官寻亲、涤亲溺器。以上这几个故事，都是在父母生前尽孝，宁可苦自己也不苦父母。

第二类是父母死了以后的孝祭，代表性的有以下几个：

其一，卖身葬父。相传董永家境贫寒，父亲亡故没钱安葬，董永只得卖身为奴。董永的孝行感动了一名善良而美丽的女子跟他结为夫妻，并以她超强手艺为主家织锦缎三百匹，为董永抵债赎身。这女子帮助董永尽孝之后，腾空而去。董永的孝行故事想必确有其事，只不过在流传中神话化罢了，让人不禁想起了《孝经》里的一句话"孝悌之至，通于神明，光于四海，无所不通"。后人把它编成戏文《天仙配》搬上舞台，把"天人合一"的哲学思维演绎成动人的神人爱情神话。

其二，刻木事亲。丁兰年幼父母双亡，就用木头雕刻了父母的画像，如对待真人般早晚侍奉。时间久了，其妻便对木像不太恭敬，居然好奇地用针去刺木像的手指，而木像的手指竟然有血流出。丁兰回家见木像眼中垂泪，得知实情后把妻子休了。丁兰的做法不值得效法，但把父母木刻成像，表示了一个孝子对父母的追思和纪念。丁兰的妻子之所以被休，就在于她背离孝道，忘却了对父母的纪念。丁兰以一种特殊祭祀的形式表达了儿子对父母的孝心。

其三，闻雷泣墓。王裒的父亲王仪本是司马昭的司马，因讨伐东吴失败，直言得罪了司马昭被其杀害。王裒就将父亲的灵柩运回家乡昌乐隐居起来。据说，他在其父墓侧筑屋而居，朝夕跪拜，泪溅树枝，就连树木也为之枯槁。他的母亲活着时比较胆小，害怕打雷。母亲死后，葬于山林中，每逢雷声震动，王裒就不顾风雨即刻奔向母亲的墓地，跪拜哭泣，并诉说：我在此，母亲不要畏惧！后来，王裒恋祖茔，不肯避乱南迁，被盗贼所害。

（二）孝在满足老年人的特殊需求上

人衰老后，都会生病，在饮食上必然会出现一些特殊的需要和要求。

其一，鹿乳奉亲。郯子是春秋时期的著名人物。他年老的父母患有眼疾，思食鹿乳。郯子为此披鹿皮进深山，不顾性命危险混入鹿群，挤取鹿乳。

其二，哭竹生笋。孟宗是三国江夏人。他母亲年老病重，医嘱必须用鲜笋汤来医治。时值寒冬，孟宗眼看着满山荒凉，恨自己无力救母抱竹哭泣。忽闻有地裂之声，一瞬间地上就长出了几根竹笋。孟宗哭竹是否真的生出笋来这并不重要，最重要的是通过这个故事表明了一个孝子对母健康的极度关心，药虽难求，也要千方百计医治母病。

其三，涌泉跃鲤。姜诗是东汉四川广汉人，取庞氏为妻，夫妻事亲至孝。母亲因喜欢饮用长江水，妻子庞氏每天去离家有七里之遥的长江取水侍奉。母亲喜欢吃鱼，而且还不喜欢独自享用，还得请邻居老人一起陪食。结果他们家"忽有涌泉，味如江水，日跃双鲤。"

（三）孝在生死攸关的重要考验上

主要有（郭巨）为母埋儿、（杨香）搤虎救父、（孟宗）哭竹求笋、（庾黔娄）尝粪忧心4个。

其一，埋儿奉母。郭巨家里很穷，夫妻两个的力量只能多养活一个人，三岁的儿子和老母亲必须舍弃一个。夫妻两个商量后，准备掘地埋葬儿子的时候，突然刨出来一大块金子，并且上面还写着"天赐孝子郭巨，官不得取，民不得夺"。

其二，尝粪忧心。庾黔娄出于对父身体健康的极度关心，放弃仕途利禄回家尽孝，当时没有现代先进的仪器设备，他听医生的话，只能靠亲口尝父亲的粪便来检测父亲的身体状况。这也是我们很难做到的，个人主义和功利主义会让亲情让位给利益，娇生惯养中长大的一代更难设身处地理解艰难处境中的孝子这些极端的做法。

第三节　教化的效果分析

一　榜样的正负接受效应

作为中华民族两千多年的孝子模范，"二十四孝"中的人物曾经发挥着重要的敦厚民俗的教化作用，从古代文献中我们也很难找到对其批驳挞伐的文字。这是因为中国古代的农村几千年并没有发生很大的变化,基本上都是以族人聚居从事农业生产为主,在生活形态上表现出很强的延续性,孝道作为一种共同的信仰是中国古代社会最重要的一道文化底色。

然而,自五四时期开始,中国传统孝道受到了前所未有的冲击。其中,鲁迅的《二十四孝图》一文批判极为激烈,如果说他对老莱子的故事有些苛责的话,那么对"郭巨埋儿"的批判也可以说有些偏颇。从接受者的角度来说,鲁迅家道中落,儿时生活颇为艰难,"郭巨埋儿"的故事背景与他的家庭背景有相似之处,因此小孩子难免对号入座,担心父亲要真是做孝子像郭巨一样会把自己埋了。至于作为化解这一危机的结局——挖出一坛黄金之类的事是不可能有的蹊跷事,这是小孩子也明白的事,但却在心里留下了阴影。这就是对同一个故事的负接受效应。

现在仍然有很多人认为,这个故事宣传的是一种愚孝:泯灭人性,漠视生命价值、违背科学常识、缺乏人格平等、不符合法律规定。但是我们是否犯了刻舟求剑的毛病呢?自古以来有几个埋儿的?我们是不是可以用隐喻的方法来解读?就像男人们经常被问:妻子和母亲同时掉到一条河里,先救哪一个?现实生活中孩子和父母哪一个你爱得更多一些?当二者之间有利益冲突时,你选择保全哪一个?牺牲哪一个?当然,最智慧的解决方案是两者都兼顾。当然,对孩子的要求要严一些是没错的,苦其心志是其成长的动力。

无独有偶,在西方文化中也有亲手牺牲孩子的案例,比如基督教《圣经》中上帝为了考验亚伯拉罕的信仰,让他把到老年好不容易得来的儿子以撒杀了献祭。耶弗他为了战胜敌人,许愿将回家后第一个迎接他的人献祭,结果这个人居然是他的亲生女儿。然而,他们并没有因此受到人们的谴责,反而因为虔诚的信仰而备受赞叹。在一个儒家思想占主导,实际上没有宗教信仰的国度,孝道在某种程度上有宗教的替代性作用,人们信奉的是孝悌之至,可通于神明光于四海,而意外得到金子恰恰说明是这一带有神话色彩的信仰得到了验证。

当下，由于受到经济全球化、文化和价值观念多元化等诸多因素的影响，榜样教育的有效性减弱，榜样教育就很难有统一性前提下的轰动效应，"现实生活中由于受到个人有限理性、功利性和工具性等价值取向的影响，榜样教育的价值取向和价值选择出现异化"①，所以，有不少人对"二十四孝"提出批判就在所难免了。

二 "二十四孝"的缺陷和价值

作为教化的榜样一般人认为应该是完美无缺的、值得学习仿效的，但这里存在着榜样的完美性与不完美性的各自的利弊。如果榜样过于完美，教化就容易流于形式，超出了接受者模仿学习的可能性，接受者内心就不容易认同，另一个可能的极端是盲从。"二十四孝"可以说是古代孝道精神的化身，在长期的流传形成过程中只突出强化人物身上的孝道精神，其他皆为陪衬，甚至被忽略。这也是我国古代民间文学的一个特点，好人极善，坏人极恶，就像说起诸葛亮就是智慧的集中体现。反过来说，如果榜样不完美，就容易被批判，不会轻易接受，从而引起反思，不对权威绝对盲从也是个人和社会的一件幸事。可以说"二十四孝"不是 24 个完美的榜样，所以从五四至今遭到批判也是顺理成章的。

（一）批判意见

"二十四孝"曾一度成了愚孝的代名词，虽然近几年对其专门研究的文章频频出现，但现实中仍不乏种种批判之词。随便打开网页搜索，即能看到种种尖锐的批评，有人认为"对儒学元典正见精神的一种背离"，"将孝道推演至反人性的逻辑"，是一种"誉之适足以祸之"的文化现象②。也有人拿现代观念去解读古代的故事，认为"二

---

① 丁欣雨：《新时代榜样教育的价值选择与实践路径分析》，《高教学刊》2018 年第 12 期。
② 金纲：《儒家提倡"二十四孝"？这就是个大误解！》，原文标题为"儒学论'孝道'"，http：//www.sohu.com/a/147155908_740471，2017 年 6 月 8 日。

十四孝"看似有正能量其实很变态①，等等。一般来说，他们所批驳的事实材料和理论依据多来自于鲁迅的《二十四孝图》。也有学者从儒家理论出发进行论证，认为"二十四孝"不符合中庸之道以及儒家"缘情制礼"的一贯精神②。

我们不能说这些批判之辞完全没有道理，的确，作为要学习的榜样这些事例本身不可避免地要具备超出常人常态之处，所以，"二十四孝"在不经意间走向了极端化也在所难免。

（二）价值意义

"二十四孝"历经千年，在长期流传中生发出了独特的价值和意义：

一是文化符号价值。"二十四孝"作为当代榜样教化的题材没有时代性和可模仿性，但是它却有无法替代的经典性和永恒性，已经成为一种文化象征符号。根据文化符号学的说法，符号所表现是文化内涵，是一个有组织的符号系统。如果脱离了文化场去谈符号，就无法体现符号的象征意义。这就是我们不能脱离古代历史文化背景单纯对"二十四孝"进行批判的原因所在，"二十四孝"已经成为承载我国古代文化理念的一个特殊符号，是我们的民族情感和生命意识的原型。因此，只要我们的精神还能够和这些故事进行整体性沟通，就不应当苛求它与当下世界完全匹配。

二是民族情感价值。孝为中华民族传统文化之根，体认孝道就能找到对民族的依恋感和归属感，从心理上把自己真正当作中华民族的一员。对于"二十四孝"与现代文化理念不相符合的地方我们要同情地理解。"二十四孝"本身就含有情感感召力，因为艺术品本质上就是一种表现情感的形式，所表现的正是人类情感的本质。德国的雅各

---

① 《〈二十四孝〉宣传的中国孝文化，看似正能量，其实很变态》，https：//baijiahao.baidu.com/s？id=16103662666612063485&wfr=spider&for=pc，2018年9月1日。

② 李长春：《应当如何看待〈二十四孝图〉》，《中国艺术报》2016年1月18日第7版。

布·布克哈特说："只有通过艺术这一媒介，一个时代最秘密的信仰和观念才能传递给后人，而只有这种方式才最值得信赖，因为它是无意而为的。"① 暂时搁下前人的争议不论，当与"二十四孝"的故事与画面直接接触时，恐怕我们当代人大多数都能感受到一种情感的冲击力。

三是民众信仰价值。有人认为"二十四孝"中包含广泛的社会交换，包括孝行与"神灵之天""自然之天"和强势者的交换。② 在交换过程中孝子大都能得到或财富或社会地位或名誉等有效补偿。不管哪一种信仰总是试图解决德福一致的关系，给予信仰者以精神安慰和鼓励。如果我们以有限理性的眼光去看，关于孝感的灵异问题似乎跟封建迷信毫无二致。尤其是（虞舜）孝感动天、（董永）卖身葬父、（丁兰）刻木事亲、（姜诗）涌泉跃鲤、（王祥）卧冰求鲤、（郭巨）为母埋儿、（孟宗）哭竹求笋等故事都涉及灵异现象，该如何看待这些灵异问题呢？首先，"二十四孝"采用了民间故事常用的夸张的表现手法，虽然与历史记载有出入，这也是"天人合一"的整体思维的产物。其次，故事一般是大团圆的结局，好人有好报，具有很好的教化作用，使得受教育者乐意为善。再次，增强了故事表达效果，连天地都为孝子的孝心感动，非常具有感染力。最后，孝感部分虽然有神秘化倾向，但背后折射的是民族宗教信仰和追求。

第四节 "二十四孝"的当代反思

总体上说，"二十四孝"是对儒家孝文化的高度浓缩，是对历史上民间广泛流传的孝子榜样的大展示，体现了中华民族尊老爱老的最

---

① ［英］贡布里希：《艺术发展史》，范景中译，天津人民美术出版社1998年版，第78页。
② 刘忠世：《"二十四孝"中的社会交换与传统孝道》，《齐鲁学刊》2011年第2期。

基本的道德要求。由此，作为一个榜样教化的典型案例也给我们以启示：

首先是解读方式很重要。如果我们抱着批判的态度，你就会很抵触，如果以学习借鉴的态度去接受，它就有精华值得我们学习和借鉴。

其次是反思当今社会是否需要提倡孝道。按说，孝敬父母天经地义，现实中为什么还要培育孝心、提倡孝行呢？诚如王海明教授所言，恶德比美德更接近人的本能，因为美德的形成是困难的，是学习教育的结果；恶德不学而能，是人的自然倾向，形成是容易的。"道德最初总是他律的，总是作为一种外在的东西强加于每个人。只有随着学习和经验的积累以及道德教育训练，一个人才会因具有一定的智慧而逐渐懂得美德的利益和恶德的不利，他才能自觉地克服恶德而自愿追求美德。"[1] 我们至今仍然提倡孝道的原因有三：

一是子女从父母那里得到永远比对父母付出容易得多，因此，要对父母心存感恩，有感恩心就容易敬畏生命热爱生命，爱人之心需经过同情心和报恩心这两种中介超越自爱之心，从而引发无私利人的行为。

二是子女行孝，有时就得委屈自己，压抑自己，以父母的快乐为快乐。道德的手段通常是压抑、限制每个人的某些欲望和自由，最终保障社会的存在和发展，从而增进每个人的利益。没有孝心，没有利他之心，很难有孝行。所以古人说"痴心父母古来多，孝顺儿孙谁见了"。这就需要教育，需要感化，甚至需要道德约束和法律制裁。

三是我们的人际关系、处理问题的出发点通常会面临"利他"还是"利我"的选择。只要人类社会存在，我们就永远需要热心为大众付出奉献的人，而家是培养利他精神的最初场所。所以孝就永远具有价值和意义，我们需要重新认识并汲取传统文化中的优秀因子加以发扬光大。

---

[1] 王海明：《伦理学与人生》，复旦大学出版社2009年版，第332页。

第八章　民间文化的引领教化（下）

在中国传统戏曲中，表现孝道思想的作品很多。因为在古代社会，读书人毕竟是少数，读书人可以通过教育和书本接受忠孝节义思想，而对不识字的文盲则主要通过戏曲等通俗文艺来接受，因此历代统治者相当注意戏曲作品的教化功能，例如朱元璋对《琵琶记》的推崇，就是看重这部作品的封建教化意义。

封建统治者对于有利于统治和世道人心的作品大力提倡，而对不利于统治和封建教化的作品则加以禁止，明清两代的许多禁戏足以说明这个问题。再加上戏曲作品故事情节曲折，艺术手段丰富，唱念做打，以故事讲道理，以情感人，更容易深入人心，读书的人和不读书的人都乐于接受，戏曲受到封建统治者的重视和利用也是不难理解的。

孝道在不同的戏曲作品中有不同的表现，下面择其要者而述之。

第一节　忠孝两全的典型

在中国传统戏曲作品中有很多表现忠孝两全的英雄人物，比如花木兰和岳飞等。《花木兰》的故事源自北朝民歌，叙述一个叫木兰的女子替父从军的故事。由于这个故事本身具有传奇色彩，多次被改编为戏曲作品，明代徐渭创作有杂剧《雌木兰替父从军》。近现代以来，有京剧、豫剧等搬演花木兰的故事。

第八章　民间文化的引领教化（下）

在搬演的戏曲作品中，着重表现了木兰替父从军的原因。《木兰辞》原文开头就写道："唧唧复唧唧，木兰当户织。不闻机杼声，惟闻女叹息。问女何所思，问女何所忆。女亦无所思，女亦无所忆。昨夜见军帖，可汗大点兵。军书十二卷，卷卷有爷名。阿爷无大儿，木兰无长兄。"在豫剧中，花木兰接到军帖后，念道："强敌压边境，国家要征兵。爹爹无大儿，木兰无长兄。怎好叫老人家万里远征啊。"花木兰的父亲花弧接到消息后，说："'国家兴亡，匹夫有责'，若是一个个贪生怕死，只图安乐，可知国破之后，阖家老小，也难得保全。"[①] 花弧也有一腔报国的热情，怎奈他年老多病。

花木兰有心替父从军，可是家人并不放心，木兰为了说服父亲，她和父亲比剑较量，不料父亲却败下阵来，花弧不得不承认自己年老力衰，并遵从诺言让花木兰去从军。

十二年后，花木兰在战场上取得战功，打败了敌人，按理以军功该享受官职，可是花木兰却要辞官回家孝敬双亲，尽一个女人的本分。

豫剧的《花木兰》和迪士尼出品的《木兰》可以做一个对比，二者虽然讲述同一个故事，但二者强调木兰替父从军的缘由却不相同，豫剧中强调花木兰从军不是为了自己，而是为了孝敬爹爹。而在迪士尼动画中，花木兰从军不仅有行孝这一层，花木兰从军还有实现自我的目的，因为该片中的木兰不是一个循规蹈矩的传统女子，带有调皮和叛逆的性格，她从军还有展示自我、实现人生理想的愿望，这在台词中有所体现，体现出中美两国文化的差异。

常香玉的《花木兰》在慰问朝鲜战场时受到了热烈的欢迎，《花木兰》是演出最多、最受欢迎的一出戏。常香玉会演的戏很多，就艺术性来讲《花木兰》也不是最高的，为什么这出戏最受欢迎？因为这出戏契合了当时的时代氛围，表达了爱国的热情，唱出了战士的心

[①] 陈宪章等：《常香玉演出本精选集》，河南人民出版社1993年版，第293页。

声。特别是:"刘大哥讲话理太偏……有许多女英雄,也把功劳建,为国杀敌是代代出英贤,这女子们哪一点不如儿男?"铿锵有力的声腔,鼓舞了多少战士昂扬的斗志。花木兰劝解刘忠的一段唱:"刘大哥再莫要这样盘算,你怎知村庄内家家团圆?边关的兵和将千千万万,谁无有老和少田产庄园?若都是恋家乡不肯出战,怕战火早烧到咱的门前。"①这段唱简直是中国参加抗美援朝战争原因的通俗生动的解释,这出戏受到欢迎也在情理之中。

岳母刺字的故事广为流传,始见于元人所编的《宋史本传》:"初命何铸鞫之,飞裂裳,以背示铸,有'尽忠报国'四个大字,深入肤理。"京剧等不少剧种都演绎《岳母刺字》的故事,讲述的是抗金名将岳飞,为元帅宗泽效力,宗泽死后,朝廷派昏庸的杜充接任,杜充不思进取,岳飞无用武之地,内心苦闷,乃私自回家孝敬母亲。

岳母见他归来,感到奇怪,问明缘由,原来是因为杜充,岳飞遭到母亲的训斥,认为岳飞应该顾全大局,决不可因为杜充一人之故,灰心堕志,大丈夫要分清楚国仇与私恨,劝他回营继续抗金。为了坚定岳飞的意志,不忘母亲的教训,岳母在岳飞的后背上刺上"精忠报国"四个字。

《花木兰》和《岳母刺字》两剧有共同的时代背景,那就是战争,覆巢之下安有完卵,明事理的人都知道"国家兴亡,匹夫有责",能够做到舍小家而保大家,因而花木兰和岳飞能够保家卫国,为朝廷效力,他们的意愿也是父母的意愿,两代人思想一致,因而能忠孝两全。

第二节 忠孝不能两全的悲剧

《琵琶记》是高明根据"宋元旧本"《赵贞女蔡二郎》改编的。

---

① 陈宪章等:《常香玉演出本精选集》,河南人民出版社1993年版,第307页。

高明"用清丽之词,以洗作者之陋"①,极大地提高了南戏的文学性,促进了南戏的繁荣和发展,被誉为"南戏中兴之祖"。

创作伊始,作者高明就有明确的伦理意识,在第一出《报告剧情》借副末之口宣称:"不关风化体,纵好也徒然。"②作者要塑造的人物如《题目》所示:"极富极贵牛丞相,施仁施义张广才。有贞有烈赵贞女,全忠全孝蔡伯喈。"③在原来的民间戏剧中,蔡伯喈本是"负心汉",可见,在高明改写的《琵琶记》中,重点改写的是蔡伯喈的形象,给蔡伯喈翻案,把他塑造成"全忠全孝"。

《琵琶记》采用中国传统戏剧常用的生旦双线交错、平行发展的叙事结构。《琵琶记》共42出,其叙事结构如下:

1④:报告戏情(副末开场,介绍剧情大意。)

情节线索A,赵五娘以及蔡伯喈父母的故事:2:蔡宅祝寿→4:蔡公逼伯喈赴试→5:伯喈夫妻分别→8:赵五娘忆夫→10:五娘劝解公婆争吵→16:五娘请粮被抢→19:蔡婆埋怨五娘→20:五娘吃糠→22:五娘侍奉公病→24:五娘剪发卖发→26:五娘葬公婆→28:五娘寻夫上路→31:五娘行路→33:五娘到京知夫行踪

情节线索B,蔡伯喈及牛府的故事:3:牛小姐规劝侍婢→6:牛相教女→7:伯喈行路→9:新进士宴杏园→11:牛相奉旨招婿→12:牛相发怒→14:牛小姐愁配→15:伯喈辞官辞婚不准→17:伯喈允婚→18:伯喈牛宅结亲→21:伯喈弹琴诉怨→23:伯喈思家→25:拐儿脱骗(伯喈)→27:伯喈牛小姐赏月→29:牛小姐盘夫→30:牛小姐谏父→32:牛相派人接伯喈家眷

情节线索A和情节线索B交会融合:34:五娘牛小姐见面→35:五娘书馆题诗→36:伯喈五娘相会→38:伯喈夫妇上路回乡→40:庐

---

① 《中国古典戏曲论著集成》第3册,中国戏剧出版社1959年版,第239页。
② (元)高明著,钱南扬校注:《元本琵琶记校注》,中华书局2009年版,第1页。
③ (元)高明著,钱南扬校注:《元本琵琶记校注》,第1页。
④ 阿拉伯数字代表出数。

墓→41：牛相出京宣旨→42：旌表

插入式情节线索 C：37：张大公扫墓遇使→39：李旺回话

此种叙事结构最大的特点是对比强烈，特别是 16—27 出，两条线索咬得很紧，充满了戏剧张力：一边是请粮被抢，一边是拜堂成亲；一边是吃糠咽菜，一边是弹琴诉怨；一边是罗裙包土埋葬公婆，一边是闲情雅致花前赏月。此种结构设计，强烈地控诉了蔡伯喈"负心"的罪恶，在某种程度上说蔡伯喈是"负心汉"的典型。赵五娘是食不果腹，吃糠咽菜，在温饱线上垂死挣扎，而蔡伯喈却是衣食无忧，赏荷玩月，闲愁苦闷，赵五娘的需求是物质层面的，而蔡伯喈的需求是精神层面的，精神的与物质特别是关乎生命的生死存亡的相比，蔡伯喈显得苍白和矫情了许多。

然而作者为蔡伯喈开脱，设计出"三不从"："辞试不从——被亲强来赴选场，辞官不从——被君强官为议郎，辞婚不从——被婚强效鸾凰。"蔡伯喈被父亲逼迫进京赴考，他认为父母年纪大了，害怕出什么意外，又以孔子的"父母在，不远游"为由拒绝，但蔡父认为那是小节，不是"大孝"：

（生白）告爹爹：凡为人子者，冬温而夏清，昏定而晨省，问其寒燠，搔其疴痒，出入则扶持之，问所欲则敬进之。是以父母在，不远游；出不易方，复不过时。古人的大孝，也只如此。（外白）孩儿，你说的都是小节，不曾说那大孝。……孩儿，你听我说：夫孝始于事亲，中于事君，终于立身。身体发肤，受之父母，不敢毁伤，孝之始也。立身行道，扬名于后世，以显父母，孝之终也。是以家贫亲老，不为禄仕，所以为不孝。你去做官时节，也显得父母好处，不是大孝，却是甚么？[①]

[①] （元）高明著，钱南扬校注：《元本琵琶记校注》，中华书局 2009 年版，第 29 页。

第八章　民间文化的引领教化（下）

蔡伯喈上书朝廷，辞官辞婚，欲回家孝敬父母，但朝廷并未准许，圣旨曰："孝道虽天，终于事君；王事多艰，岂遑报父！……尔当恪守乃职，勿有固辞。其所议姻事，可曲从师相之请，以成桃夭之化。"

蔡伯喈辞官辞婚不成，其理由仍是事君大于事亲。

高明设计出"三不从"为蔡伯喈开脱，蔡伯喈似乎是"全忠全孝"了，然而蔡伯喈的人物形象远比赵五娘苍白。蔡伯喈在辞朝时已经知道家乡遭遇旱灾，料双亲可能饥饿而死，然而他未采取任何实际有效的行动，蔡伯喈在客观后果上确实给一家人带来了灾难，而且他对父母还有"三不孝"——"生不能事，死不能葬，葬不能祭"，蔡伯喈的孝体现在哪里？

蔡伯喈的缺席，孝敬父母的事全由赵五娘来承担，与蔡伯喈相比，赵五娘算得上是"孝"的典范。家乡遭遇旱灾，为了维持生计，赵五娘把衣服首饰俱已典尽，为了请粮，孤弱的赵五娘一人承担，不料刚分得粮食，就被强盗抢走，赵五娘把好的留给公公婆婆吃，自己躲到厨房吃糠。不明底细的婆婆还怀疑赵五娘背着他们吃什么好吃的，于是就和公公一起来探明，不料发现赵五娘吃的是糠。公公婆婆大受感动，婆婆在吃糠时被噎死，不久蔡公也一病而亡，赵五娘为了埋葬公婆，把自己的头发剪了，沿街叫卖，为公婆买了葬品。赵五娘一个人罗裙包土筑坟，十指挖土，鲜血淋淋。《五娘吃糠》一折流传至今，感人至深。

高则诚很有可能意识到了叙事的裂痕，因此设计了插入式情节线索 C，来缝补裂痕。按照故事的主线来说，张大公是一个"多余人"，可有可无的，但对缝补故事裂痕来说却至关重要。插入式情节 C 虽然短小，但对全剧意义重大，作者借张大公之口对蔡伯喈进行批判：

【风入松】你不须提起蔡伯喈，说他每歹歹！［丑］他有甚歹处？老子无礼来。［末］他中状元做官六七载，撇父母抛妻不

◆◆◆ 下篇　实践传承

采。[丑]他父母在哪里？[末介唱]只兀的砖头土堆，是他双亲的在此中埋。

……

【风入松】他如今直往帝京来。[丑]他把甚么做盘缠？[末]他弹着琵琶做乞丐。……叫他不应魂何在？空教我珠泪盈腮。[丑]我如今回去，教相公多做些功果，追荐他便了。[末笑介]他生不能事，死不能葬，葬不能祭，这三不孝逆天罪大，空打醮枉修斋。

【犯朝】你如今便回，道张老的道与蔡伯喈。[丑]道什么？[末]道你拜别人爹娘好美哉，亲爹娘死不直你一拜。①

高则诚在这出戏中对蔡伯喈有明确的判词"三不孝"，承认了故事的裂痕，抚慰读者的不平之气，达到对故事漏洞的弥补，以期接近创作的目的"全忠全孝蔡伯喈"，为蔡伯喈翻案。

麒派老生周信芳的代表作《扫松下书》就是承接该折发展而来，具有朴素而动人的力量：

张广才（白）我拜的是忘恩负义的——【清江引二六板】蔡伯喈。小哥哥你在荒郊外，听老汉把那蔡家的事儿一一从头说开怀。蔡伯喈到京城把那功名求拜，在家中撇二老竟不归来。他的父为他把那双眼哭坏，他的母终朝每日泪满在胸怀。家中贫穷无计可奈，最可叹他二老双双冻饿而死就赴了泉台。……他把那父母的劬劳抛至在三江以外，他又把结发的恩情一旦都丢开。小哥哥你与我把信来带，你教那蔡伯喈早早的回家来。倘若是蔡伯喈把那良心来坏，小哥！你问他身从哪里得来！倘若是蔡伯喈伴瞅再不睬，你就说在这陈留郡荒郊外，有个老者叫张广才，托过小

---

① （元）高明著，钱南扬校注：《元本琵琶记校注》，中华书局2009年版，第214—215页。

154

第八章　民间文化的引领教化（下）

哥把信带。说我一个拜、一个拜……（张广才拜，险些跌倒。）

张广才（白）哦唷呵……

李旺（白）你小心点儿。

张广才【清江引二六板】教他早早回来，祭扫坟台。

李旺（白）我知道。告辞了。①

蔡伯喈成立了新家，对赵五娘等不理不睬，实际上赵五娘就是一个"弃妇"（至于蔡伯喈离家多久，在高则诚原著中没有回答，在后世昆剧演出本《缀白裘》中说是六七年）。按照此逻辑，赵五娘上京寻夫，蔡伯喈绝不会相认，牛小姐更不会让人来抢自己的丈夫，自己甘心做个偏房，牛小姐成为封建道德的典范而失去了人物的真实性，"团圆"是高则诚强扭的结果，不是水到渠成，令人难以信服。大团圆是中国戏曲的传统套路，不必苛责，但如何使故事真实可信却要花费一番心思。

湘剧《琵琶记》的结局虽然也是大团圆，但在处理上别具匠心，高人一筹。蔡伯喈和牛小姐、赵五娘一起返乡祭祖，张大公拿出蔡父的遗嘱，说等蔡伯喈回来，要用他生前所用的拐杖，打蔡伯喈"三不孝"，共120棍，由于牛丞相、牛小姐、赵五娘的求情，方才罢免。湘剧艺术家徐绍清说："湘剧《琵琶记》和高明原著大致是相符的。就是结尾上高氏《琵琶记》没有'打三不孝'一场。'三不孝'这出戏，不知所出何处。在湖南很多剧种里面是有'打三不孝'的。人民非常重视'三不孝'这出戏。记得早年我在一个班子里演《琵琶记》最后没有演'三不孝'，群众不同意，被罚了一天戏。"② 由此可见，"打三不孝"对补偿观众心理的作用多么重要。

"打三不孝"这一场当然是民间艺术家的天才创造，似神来之笔，

---

① 中国戏剧家协会编：《周信芳演出剧本选集》，艺术出版社1955年版，第513—515页。
② 剧本月刊社编辑：《琵琶记讨论专刊》，人民文学出版社1956年版，第57页。

下篇 实践传承

但若仔细分析,这不是空穴来风,也是渊源有自,还是高则诚《琵琶记·扫松》一折。在湘剧传统剧目中,《扫松》一折也有,和原著相差不大,但"三不孝"这一关键词没有出现(在原作中出现了),湘剧把这一关键词挪移到最后一出《打三不孝》,借张大公之口,对蔡伯喈进行谴责:

你这不孝乔才,自古以来,羊有跪乳之恩,鸦有反哺之情,豺狼虎豹,尚且知恩报本,你乃是皇榜贵客,孔圣门人,做什么官求什么名,食什么爵禄奉什么君,忘恩负义枉为人。曾记你父病染身,手执柱杖泪盈盈,临终托我三桩事,不孝的回来要赶出门。①

湘剧"打三不孝"的处理,要比原著《旌表》高妙得多了,原著蔡伯喈不但没有受到惩罚,反而得到嘉奖,而且充满了封建说教,很难自圆其说,湘剧的处理,虽然没有真打,但起码是蔡伯喈低头认错了,取得赵五娘的原谅,增加了故事的可看性和可信性。

蔡伯喈的悲剧充分反映出了"忠孝不能两全"。《书馆》一折详细展现了蔡伯喈矛盾的内心世界。蔡伯喈看《尚书·尧典》上书:"舜父顽母嚚象傲,克谐以孝。"虽然尧的父亲很顽劣,母亲很嚚张,弟弟很傲慢无礼,但尧仍克尽孝道,使一家人和睦相处。蔡伯喈想到,自己的父母并没有亏待自己,为什么却把他们抛闪在一边?看《尚书》使他心烦,于是他又拿起《春秋》。不料《春秋》上书:"小人有母……未尝君之羹。请以遗之。"颍考叔吃肉食的时候,想起自己的母亲,就把肉食带回去让母亲吃,蔡伯喈想到古人吃一口肉汤就寻思着母亲,而自己现在享荣华受富贵,却让父母在家乡吃苦,这是什么孝义?父母养我读书,指望学些孝义,现在读书反被孝义所误,两支【解三酲】充分地展现了蔡伯喈的内心世界:

---

① 湖南省戏曲研究所主编:《湖南戏曲传统剧本·湘剧第二集》,1980年,第132页。

第八章 民间文化的引领教化（下）

【解三酲】叹双亲把儿指望，教儿读古老文章。比我会读书的到把亲撇漾，少甚么不识字的到得终养。书，我只为你其中自有黄金屋，却教我撇却椿庭萱草堂。还思想，休休，毕竟是文章误我，我误爹娘。

【前腔】比似我做了亏心台馆客，到不如守义终身田舍郎。白头吟记得不曾忘，绿鬓妇何故在他方？书，我只为你其中有女颜如玉，却教我撇却糟糠妻下堂。还思想，休休，毕竟是文章误我，我误妻房。①

蔡伯喈拾到自己父母的画像，一时还没有认出来，赵五娘题诗一首在上，以打动蔡伯喈："昆山有良璧，郁郁玙璠姿。嗟彼一点瑕，掩此连城瑜。人生非孔颜，名节鲜不亏。拙哉西河守，胡不如皋鱼？宋弘既以义，黄允何其愚！风木有余恨，连理无旁枝。寄语青云客，慎勿乖天彝。"牛小姐和赵五娘已经相认，并且已经知道赵五娘是蔡伯喈的妻子，牛小姐假装不解诗意，让蔡伯喈解诗，打探他的态度。

战国时的西河守吴起因贪恋官职，母死不奔丧；春秋时的皋鱼因周游列国，父母死不能尽孝，归来之后，痛心不已，乃自刎而死；西汉时的宋弘，光武帝要把湖阳公主嫁给他，他以"贫贱之交不可忘，糟糠之妻不下堂"拒绝了皇帝；晋代的黄允，为了娶司徒袁隗的侄女，就把自己的妻子休了，娶了袁氏。牛小姐顺势就问蔡伯喈不奔丧的和自刎的哪一个是孝道？蔡伯喈说不奔丧的是乱道。牛小姐又问，不弃妻的和弃妻另娶的哪一个是正道？蔡伯喈说弃妻另娶的是乱道。牛小姐就问你肯学哪一个？蔡伯喈说自己的父母生死存亡未知，但自己决不学那弃妻另娶的。牛小姐说像你这般富贵，假如有一个衣衫褴褛的糟糠之妻，你肯定不会相认。蔡伯喈说纵然她衣衫褴褛，面貌丑

---

① （元）高明著，钱南扬校注：《元本琵琶记校注》，中华书局2009年版，第205—206页。

陋，她是我的妻子，我决不做那不义之人。牛小姐打探到蔡伯喈的态度后，就把赵五娘叫出来，和蔡伯喈相认。

对古代知识分子忠孝不能两全悲剧内心世界的深刻揭示，可能是《琵琶记》高出同时代"婚变负心"题材戏剧的创新之处。蔡伯喈辞朝没有被批准，蔡伯喈非常痛苦，意欲再次上表，黄门官解劝道："大丈夫当万里封侯，肯守着故园空老？毕竟事君事亲一般道，人生怎全得忠和孝？"作者明确提出了忠孝不能两全的矛盾，"作者从士大夫角度对蔡伯喈作了内心的描写，虽然对蔡伯喈这个人物尽了他能尽的回护力量，但内心描写在剧情进展中掩不了整个剧情进展所存留的更多的弱点。蔡伯喈从士大夫心情里虽然因此了解了他的苦衷，并从这心情的感应造成了明代士大夫对《琵琶记》的热爱，但广大人民是不全从这个角度来体会蔡伯喈的，他们结合整个剧情对蔡伯喈进行估价，总觉得这个人物在性格上有了分歧，他虽然像（王按，'像'疑是衍字）很真挚，但是他的真挚却掩不住他的虚伪，他不像赵五娘那样的饱满完整。"[①] 蔡伯喈虽然心里痛苦，牵挂父母，思念妻子，但在牛小姐面前却极力掩饰，更未采取任何实际的行动，软弱无能，造成了一家人的悲剧，这是读者观众所不能原谅的。一般底层民众也很难体会出蔡伯喈内心的痛苦。

徐渭在《南词叙录》提到《赵贞女蔡二郎》，并注云："旧即伯喈弃亲背妇，为暴雷震死，里俗妄作也。"据京剧《小上坟》一段唱词可以更详细地了解戏文之情节："正走之间泪满腮，想起了古人蔡伯喈，他上京中去赶考，一去赶考不回来。一双爷娘都饿死，五娘子抱土筑坟台。坟台筑起三尺土，从空降下一面琵琶来。身背着琵琶描容相，一心上京找夫回。找到京中不相认，哭坏了贤妻女裙钗。贤慧的五娘遭马踹，到后来五雷轰顶是那蔡伯喈。"（湘剧曾据此修改结局，赵五娘被马踹死，但观众拒不接受，买票前先打听结局是不是赵五娘被马踹，若

[①] 剧本月刊社编辑：《琵琶记讨论专刊》，人民文学出版社1956年版，第13页。

是就不买票,若不是才买票观看。善良的观众不能接受贤孝的赵五娘被马踹死这个悲惨的结局。)这个故事听起来很像众所周知的《秦香莲》,其实《秦香莲》就是民间艺人根据《琵琶记》改编的,原名叫《赛琵琶》,故意向《琵琶记》叫板,伦理的立场又回到原初,批判"负心汉"的典型"陈世美"。这样的故事似乎更痛快淋漓,观众更心满意足,因此《秦香莲》在民间的影响力远远大于《琵琶记》。

民间戏剧中的蔡伯喈,结局是五雷轰顶,代表着人们对蔡伯喈的伦理审判,在中国传统文化中,雷殛是对恶人的最大惩罚,借助超自然的力量来伸张正义。如《清风亭》(原名《天雷报》)中的张继保,中状元之后不认养父养母,把养父养母逼死在清风亭,最后也落得五雷轰顶的下场。

前文已经说过,张大公《扫松》一折属于插入式情节,终究不在故事主线之内。近现代一些地方戏的演绎,有的就去掉了这一情节,有的甚至连题目也改成《赵五娘》,可见叙事和人物重心的转移,也有很多艺术家建议《琵琶记》演到《书馆相会》就可以结束了,点到为止,《扫松下书》不必再演。若是此种处理方式,那么它是如何缝补故事的裂痕呢?——借助赵五娘之口,对蔡伯喈大加讨伐,以达到故事的转圜。

在原作中,赵五娘算得是温柔敦厚的典型,夫妻在书馆相会,谈起家乡之事,赵五娘依然心平气和,无怨无怒:

【前腔换头】从别后,遭水旱,(生)是水旱来。(旦)两三人只道同做饿殍。(生)张大公曾周济你么?(旦)只有张公可怜,叹双亲别无倚靠。(生)如何?(旦介唱)两口相继死,我剪头发卖钱来送伊妣考。(生介)曾葬了不曾?(旦)把坟自造,土泥都是我罗裙裹包。(生)听得你言语,教我痛杀噎倒。[①]

[①] (元)高明著,钱南扬校注:《元本琵琶记校注》,中华书局2009年版,第208—209页。

下篇 实践传承

而在淮剧、扬剧等地方戏中,赵五娘承担了对蔡伯喈的评判指责,其叙事效果和张大公《扫松》一折一样:

> 爹娘在世你不奉养,死后未曾立坟堂。
> 你头戴乌纱问斩罪,身穿大红没下场,
> 腰束玉带拦腰剁,足蹬朝靴下锅堂。
> 我问你何处生何处长,爹娘恩情全忘光。
> 生不奉养、死不下葬、抛下父母、忘记糟糠、枉读诗书、空立朝堂、忘恩负义、丧尽天良,你是个不忠不孝、不仁不义的薄情郎![1]

该核心唱段长达169句,赵五娘详细叙述了别后家乡的旱灾、蝗灾、卖发、请粮被抢、背地吃糠、公婆双亡、罗裙包土葬埋公婆等,最后用了淮剧经典的连环句,字多腔少,犹如开机关枪,慷慨激昂,对蔡伯喈进行了淋漓尽致的批判。这也是广大人民站在赵五娘的立场对蔡伯喈的道德评判,底层的民众更喜欢这个泼辣真实的赵五娘,而不是那个"温柔敦厚"的。

更重要的是蔡伯喈也低头认罪,向赵五娘一连十拜,甚至跪下乞求她饶恕自己的过失,这就为夫妻和好团圆奠定了基础:

> 看挂图似见爹娘大礼敬上,恕孩儿未尽孝道难见高堂。
> 拜过了二爹娘转身再拜,拜一拜贤德妻赵氏五娘。
> 伯喈上前拜一拜,拜你替我奉爹娘;
> ……
> 伯喈上前拜十拜,拜你三年苦痛一人尝!

---

[1] 管燕草编:《淮剧小戏考》,上海文化出版社2008年版,第327—328页。

伯喈一拜连十拜，求我妻多原谅，

休气恼休悲伤，铸大错夫补偿，前恨莫记含情深长，

明河共影笑语绕廊，细巾翠袖同回故乡，

还望贤妻能海量，如不然伯喈跌跪在小书房。①

不同的剧种对人物的表现有所倚重，昆剧是知识分子所喜爱的剧种，在昆剧中对蔡伯喈的痛苦的内心世界有详细的刻画和展示，如著名的折子戏《赏荷》《书馆》等，而在京剧、扬剧、淮剧等底层民众所喜欢的花部戏曲中，蔡伯喈的内心痛苦是它们所不能理解的，蔡伯喈更多的是批判的对象，叙事的重点变成了赵五娘，甚至剧名也变成《赵五娘》。从不同剧种的叙事侧重变化中，可以看出不同阶层观众对蔡伯喈和赵五娘接受的伦理倾向。

第三节　对养父母也得尽孝

《清风亭》是一出著名的戏剧，在《缀白裘》第十一集中有《清风亭·赶子》一折，可见该戏在清末就非常流行。清代经学家焦循在《花部农谭》中说："余忆幼时随先子观村剧，前一日演《双珠·天打》，观者视之漠然。明日演《清风亭》，其始无不切齿，既而无不大快。铙鼓既歇，相视肃然，罔有戏色；归而称说，浃旬未已。"② 焦循幼年看的《清风亭》，给他留下了深刻的印象。并且该戏给观众也留下了深刻的印象，戏剧效果非常强烈，人们对张继保逼死双亲的行径感到咬牙切齿，当雷劈了张继保后，观众拍手称快，戏演完之后，观众面面相觑，罔有戏色。看戏归来，满村的人争相谈论《清风亭》，

---

① 管燕草编：《淮剧小戏考》，上海文化出版社2008年版，第329—330页。
② 中国戏曲研究院编：《中国古典戏曲论著集成》（八），中国戏剧出版社1959年版，第229页。

评头论足，高谈阔论，半月未已。

《清风亭》讲述的是诗书人家薛荣，有一妻一妾，妻子严氏，妾周桂英。薛荣进京赶考后，妻子严氏以大欺小，欺压周桂英。当时周桂英已经怀胎九个月，严氏折磨周桂英，让她挑水、织布、磨面，干这些笨重的体力活。

不久，周桂英在磨坊产下一子。严氏心里想若是周桂英养了儿子，日后肯定得宠，没有自己的地位了，就要加害这个孩子。严氏命仆人薛贵将孩子装入匣内抛弃荒郊，把他冻死饿死。临行之时，周桂英拔下金钗，又写血书一封，以为凭记。

薛贵来至荒郊，不忍把孩子抛弃冻饿而死。当时正是元宵佳节，大放花灯，非常热闹，很多人都去看花灯了。张元秀和贺氏老夫老妻也来看花灯凑热闹。不想当日天气突变，一阵狂风把花灯吹灭，吓得游人四散。薛贵正在犹豫彷徨不定时，被游人撞倒，盛放孩子的匣子也被冲散了。张元秀夫妇路过周梁桥，听到孩子的哭声，就把孩子捡了回来。刚好张元秀夫妇膝下无子，视孩子如同己出，关爱有加，取名张继保。

张元秀夫妇平日以打草鞋、磨豆腐为生计，他们用豆汁喂养孩子，含辛茹苦，逐渐将孩子养大。十三年后，薛荣在京为官，他修书一封，派人送往家中，接周桂英进京和他同享荣华。大娘接到书信后，非常生气，心想她是薛荣结发夫妻，现在做官了，不接她去享受荣华，反而接二娘周桂英前去，再者若是周桂英前去，在老爷面前搬弄是非，翻她虐待二娘的老账，哪有她的日子啊？于是她决定把二娘周桂英害死。薛贵得知后，赶紧给二娘周桂英通风报信，周桂英急忙逃跑了，独自上京找老爷去了。

张继保在南学读书，听到同学们的议论和嘲笑，说他不是张元秀夫妇的亲生。张继保闷闷不乐地跑回来，问张元秀夫妇自己的亲生父母。为此张元秀和张继保争斗起来，张元秀举起拐杖要打张继保，张继保夺门而出，跑到野外。

张元秀追赶而来，张继保看到无处躲藏，就跑到清风亭上，躲到一个妇人的身后。这个妇人就是周桂英，她从家里逃出后，疲惫不堪，就到清风亭上休息。周桂英也说张继保不是张元秀的亲生，要张元秀说清楚这个孩子的来历。张元秀就一五一十地把怎样捡到孩子叙述了一遍，周桂英基本确定张继保就是十三年前自己被迫抛弃的孩子，就要和张元秀质对血书。周桂英一字不落把血书背了出来，使张元秀吃了一惊，怎么也没有想到张继保居然真的遇上了自己的亲生母亲。周桂英要把张继保带走，张元秀十分舍不得，只好来个"凭天断"——让张继保站在中间，张元秀和周桂英站在两边都来叫，张继保愿意跟谁走，就跟谁走。

张元秀先叫，说儿啊，回去吃饭吧，你母亲在家中把饭做熟了，张继保不为所动；周桂英说，儿啊，你的爹爹在京做官，跟随着母亲到京城享荣华、受富贵去吧。张继保虽然只有 13 岁，还没有完全成人，但 13 岁的孩子也有了自己的价值判断，跟随张元秀夫妇只能过贫穷的日子，整日打草鞋磨豆腐，喝豆浆，若是跟随亲生母亲前去，父亲是当官的，肯定有享不尽的荣华富贵，前途一定要比跟着张元秀夫妇好。张继保现在已经受够这穷日子了，亲生母亲的呼唤更让张继保动心，张继保决定跟周桂英走。可是张元秀非常舍不得，和张继保难舍难分，周桂英略施一计，说那边有个婆婆过来了，张元秀以为是贺氏来了，正好让贺氏和儿子也分别分别，就四下观望，周桂英趁机拉着张继保就走了。

张继保被周桂英领走后，贺氏因思念娇儿，终日和张元秀争吵，埋怨张元秀不该让周桂英把张继保领走。他们平日经常到清风亭张望，叫儿，幻想从这里出走的张继保有一天能再从这里归来，想儿如痴如呆，甚至把牧童错认为是远远归来的张继保。他们说清风亭不叫清风亭，叫"望儿亭""断肠亭"。张继保走后，二老失去了精神支柱，相继病倒，日渐形衰，也不能打草鞋、卖豆腐了，只得以乞讨度日，沦为乞丐。

张继保在薛府刻苦攻读，不久就考中状元，皇帝恩赐，荣归祭祖。临行之时，周桂英特别交代张继保，不要忘记张元秀夫妇恩养他十三年的恩情，若是健在的话，把他们接来同享荣华。但张继保认为自己现在高魁得中，若是认张老夫妇为父母，必遭他人耻笑，心中不悦。

这一天张元秀夫妇又来到清风亭，巧遇周小乙，周小乙现在当上了地保，周小乙告诉张元秀夫妇，新科状元好似张继保的模样，明日回乡祭祖，要在清风亭歇马，张老夫妇可以前来认亲。张老夫妇听后心里乐开了花，心想自己不但后半生有靠，而且是状元的父母，也就是太老爷、太夫人了，二人不能给官儿子丢丑，所以他们还要演习一番。

第二天，张继保果然在清风亭打坐，张元秀夫妇前来认亲。张元秀先入清风亭，张继保要血书，血书此前已经被周桂英抢了去，张元秀拿不出血书，张继保说张元秀是冒认官亲，被轰出亭外。贺氏看老伴儿被轰了出来，认为张继保不认张元秀是因为他以前总是打骂于他，若是自己前去，肯定认下。不料张继保连母亲也不认，被轰了出来。第三次，张元秀和贺氏双双进亭，说不要把他们当作养父养母，权当是丫鬟仆人，把吃不完的剩粥剩饭，与他们一碗半碗，把穿不了的破烂衣服，赏他们一件半件，不求别的，只要后半生有个温饱就心满意足了。张继保仍不为所动，无奈二老跪下向他乞求，张继保唱道："可恨二老太疯癫，平白无端弄虚言。我本堂堂蟾宫客，岂有乞丐做椿萱！"张继保如此绝情，连小门子都看不过眼，说不如赏他们一些银钱打发他们走吧。不料张继保却赏他们二百铜钱——这对他们无疑是极大的侮辱。贺氏指着张继保骂道："张继保，小奴才！我二老抚养你一十三载，你忘恩负义，丧尽天良。这二百铜钱，你与我二老，这是够尔吃的、够尔穿的、够尔读书买纸笔墨砚的？这二百铜钱我们不要，我与你拼了吧！"贺氏扑向张继保，被张继保推倒，贺氏爬起，碰柱而死。张元秀见老伴碰死，也碰柱而亡。二老双双碰死，张继保仍不为所动，哈哈一笑念道："笑他二老心太偏，冒认官亲礼不端。二百铜钱无福受，须知富贵不可攀。"

以上情节根据《周信芳演出剧本选集》整理。根据原来的故事情节，张继保的行径人神共愤，玉帝派雷神上，将张继保劈死。

后来，为了减弱迷信色彩，对"雷殛"的结局进行了修改，如周信芳的演出本，二老碰死之后，张继保就若无其事地下场了，并没有受到什么惩罚。乡邻上场，凑了一些钱，把二老掩埋了。这样的修改，肯定很多观众是不满意的，"按照目前演出本处理，由于恶人没有受到惩罚而逍遥法外，有些观众心里是不大舒服的，也有人曾经向我提出一些意见"①。1955年艺术出版社《周信芳演出剧本选集》就是这种处理方法。

而《清风亭》最让观众大快人心的正是"雷殛"这一结局，因此该剧又名《雷打张继保》。而"雷殛"也包含着剧作对张继保的道德评判。《孝经》说："五刑之属三千，而罪莫大于不孝。"② 孝道被儒家强调到了至高无上的地位，《孝经》云："夫孝，德之本也，教之所由生也。""夫孝，天之经也，地之义也，民之行也。""天地之性，人为贵。人之行，莫大于孝。"

更重要的是"孝"的背后连着"忠"，《孝经》曰："夫孝，始于事亲，中于事君，终于立身。""资于事父以事君，而敬同。……故以孝事君则忠。""子曰：君子之事亲孝，故忠可移于君。""忠君"就像孝敬父母一样，如果一个人连父母都不孝，这个最基本的人伦要求都达不到，那么他肯定也无法"忠君"。君臣关系如同父子关系，"臣之于君，犹子之于父"（《白虎通·丧服》），"忠君"和"孝亲"原本是一回事，"忠臣以事其君，孝子以事其亲，其本一也"（《礼记·祭统》）。

---

① 周信芳口述，卫明、吕仲记录：《周信芳舞台艺术》，中国戏剧出版社1961年版，第101页。

② 胡平生译注：《孝经译注》，中华书局1996年版，第27页。

冯友兰在《中国哲学简史》中说:"中国的社会制度便是家族制度。传统中国把社会关系归纳成五种,即君臣、父子、兄弟、夫妇、朋友。在这五种社会关系中,三种是家庭关系,另两种不是家庭关系,却也可以看作是家庭关系的延伸。譬如君臣关系,被看成是父子关系,朋友则被看作是兄弟关系。"[1] 为了维护这种家国同构的社会制度,儒家思想把孝道看作道德伦理的核心。诚如《中国哲学简史》所说,"由此发展起中国的家族制度,它的复杂性和组织性是世界少有的。儒家思想在很大程度上便是这种家族制度的理性化"[2]。忠孝一体的儒家思想,在维护封建社会秩序稳定方面发挥了积极的作用。

所以在封建社会,对不孝者的惩罚也最为严厉。"中国历代统治者都非常重视孝观念的弘扬与传播,并严惩不孝犯罪行为。……不孝入法始于夏,在北齐成为独立罪名而入律,至唐代定型。在历代不孝案件的审理过程中,通常注重情理法的结合,但其处罚结果一般是要从重处罚。"[3]

《文昌孝经》说:"不孝之子,百行莫赎;至孝之家,万劫可消。不孝之子,天地不容,雷霆怒殛,魔煞祸侵;孝子之门,鬼神护之,福禄畀之。"可见,古人认为不孝之子应该天打雷劈,是有文化渊源的。张继保被天打雷劈,包含人们最基本的道德评判,他不但不认养父母,而且辱骂、推搡养父母,养父母不求做父母,哪怕他把他们当作丫鬟仆人,给几口剩饭,赏几件破衣服,图个温饱就行,可是张继保不为所动,养父母给他跪下,他仍不为所动,最后他赏赐给养父母二百铜钱,这与其说是赏赐,还不如说是侮辱,张元秀和贺氏悲愤难平,双双碰死。张元秀夫妇的低声下气、苦苦哀求,最后双双碰死之惨烈,和张继保的冷酷无情、铁石心肠、麻木不仁形成了鲜明的对

---

[1] 冯友兰:《冯友兰文集第六卷·中国哲学简史》,长春出版社2008年版,第15页。
[2] 冯友兰:《冯友兰文集第六卷·中国哲学简史》,第15页。
[3] 徐敏:《中国封建社会不孝罪研究》,硕士学位论文,黑龙江大学,2014年。

比，这样的衣冠禽兽，还不应该不得善终？

也有人认为，应该取消"雷殛"，改为法律制裁。这样的改动势必会减弱戏剧效果，因为观众的悲愤之情已经被煽动起来了，"雷殛"的结局简洁有力，犹如豹尾，符合戏剧开端、发展、高潮、结局的欣赏心理，若再加上法律评判制裁的"公堂"，势必成狗续貂尾。更重要的是，封建的法律是为统治者服务的，作为最底层的老百姓张元秀、贺氏，一个打草鞋、磨豆腐的平民百姓，而张继保及亲父亲却是官员，有强大的家族背景，难道法律会替张元秀说话？张继保罪大恶极，已经不需要人间的法律，上天就可以伸张正义了——雷殛。

另外我们要注意张元秀夫妇的身份，他们是张继保的养父母，而不是亲生父母，对于养父母同样要尽孝。《大明律》卷第一规定："其嫡母、继母、慈母、养母与亲母同。"张元秀夫妇对张继保担负了养育之实，凡为人父母者，都能体会到养育之辛苦，但京剧对张元秀抚养之苦没有正面表现，在豫剧《清风亭》中，有正面的表达：

> 十三年含辛茹苦人长大
> 羽毛你长成就要飞
> 想当初我清风亭上抱你归
> 好一似遭霜的小草命将危
> 为救你我全村跑便找奶水
> 我日日淘米妻做炊
> 熬得米汁将你喂
> 哪一夜我不起三五回
> 吃饱哄你入了睡
> 俺才到磨房把磨推
> 推磨推到三更后
> 妻浑身瘫软我的眼发黑
> 妻为我擦去头上汗

下篇　实践传承

我给老妻把背捶
妻她问我累不累
我说道为儿愿把老命赔
十三年冬夏只有一条被
十三年淡酒未敢喝一杯
十三年俺衣不遮体人变鬼
十三年我骨瘦如柴奴才肥
十三年受了多少罪
十三年希望化伤悲
十三年做了一场梦
梦醒心头血刀锥
苦命人心血掏尽全白费
如今后悔能怨谁我能怨谁①

唱词详细地展示了养育之苦，这样更加强了对张继保不孝的批判，同时也显示出孝敬养父母的正当性。

第四节　以德报怨的闵子骞

《鞭打芦花》讲述的是闵子骞的故事，属于"二十四孝"之一。

闵子骞三岁丧母，其父闵德仁续娶了李氏。李氏过门后又生下两个亲儿子，李氏喜欢自己的亲生，虐待闵子骞。闵子骞害怕破坏父母的关系，因此一直隐瞒着父亲。

腊月的一天，北风呼啸，大雪纷飞，闵德仁带领大儿子闵子骞和二儿子（此子为李氏亲生）外出以诗会友。闵子骞感到浑身寒冷，难以支撑，就要回家不参加诗会了。闵德仁问二儿子冷不冷，二儿子说

---

① 根据演出视频记录。

不冷，闵德仁感到奇怪，怀疑闵子骞是不好好学习，害怕参加诗会，更愤慨他娇气经受不住风寒，一气之下就用马鞭打闵子骞，不料他的棉袄中却飞出芦絮。闵德仁再一摸二儿子的棉袄，他的棉袄中絮的棉花，闵德仁明白了，原来是李氏给亲儿子的棉袄中絮棉花，而给闵子骞棉袄中絮芦花。闵德仁再也无心参加诗会了，拉着闵子骞就返回要找李氏论理讨个说法。

闵德仁找李氏论理，可是李氏并不认错，找各种花言巧语巧辩，她的这种态度惹恼了闵德仁，闵德仁一气之下写下休书，要把李氏休了。李氏的爹爹一见事态不好，就上去求情，并要求女儿李氏去赔礼道歉。李氏辩解道，给闵子骞絮芦花是因为自己的粗心大意。闵德仁见李氏并没有真心认错，态度很不诚恳，就更坚定地要把李氏休了。

这时，闵子骞反而为后母求情了，他请求父亲好好考虑一下，千不念万不念，看在两个年幼的弟弟的身上，自己吃些苦罢了，倘若把继母休了，父亲若是再娶，两个弟弟难免遭到继母的虐待。话说到这里，既打动了父亲闵德仁，更感动了继母李氏。李氏将心比心，她想到自己若是被休了，自己的两个亲生儿子岂不是也要遭到继母的虐待，李氏深深意识到了自己的错误，更感动于闵子骞的深明大义。于是李氏向闵德仁认错，并保证以后三个孩子一样看待。闵德仁原谅了李氏，一家人和好。闵子骞以德报怨，用孝心打动了李氏，更和睦了整个家庭。

孔子就称赞闵子骞："孝哉闵子骞！人不间于其父母昆弟之言。"他没有对继母以牙还牙，而是以仁爱之心感化了继母，使爱永驻全家。

第五节　伦理困境的两难选择

《卖苗郎》又称为《卖妙郎》《孝妇泪》《摔碗》《背公公》等，豫剧、评剧、山东梆子等均有演出，在北方剧种中甚是流行。

下篇　实践传承

该剧讲述的是河南太康县的周文选进京赶考,其家乡遭遇荒灾,水涝三年,接着大旱三年,颗粒无收。其妻柳迎春和年幼的儿子苗郎艰难度日,以讨饭为生。灾害太深了,乡亲们的日子也不好过,大豆用针穿,连河底的水草都上秤盘,所以柳迎春讨饭也一无所获。祸不单行,婆婆饥饿而死,年迈的公公也身染重病,如果没有食物,不能及时医治的话,恐怕也会有性命之虞。

眼看一家人就要被活活饿死,为了给苗郎找一个活路,为了给公公治病,柳迎春决定把苗郎卖给路过此地的南京官员田大人。柳迎春卖苗郎得了斗米斗面十两纹银,当她做好一碗面条给公公周云太吃,周云太看到是一碗好饭,就问柳迎春哪里来的面,柳迎春谎称是从邻居那里借来的。周云太说要和孙子苗郎一起吃饭,柳迎春说苗郎到街上玩耍了,让公公先吃,不要等苗郎。但周云太坚持要和苗郎一起吃,不然他也不吃,并喊起苗郎的名字来。周云太让柳迎春到街上把苗郎喊回来,柳迎春无奈出去转了一圈,空手而归。在周云太的再三逼问之下,柳迎春无奈说出实情,她把苗郎卖了。

周云太一听柳迎春把苗郎卖了,勃然大怒,并把碗也摔烂了,因此该折戏也称为摔碗。周云太还不解气,要拿拐杖责打柳迎春,柳迎春慢慢解释了原因,她宁不慈不能不孝,无奈何才卖了苗郎,卖苗郎是为了给公爹治病,卖苗郎柳迎春也万分痛苦,看见东西就想起了人,到厨房去做饭,和面好似割儿的肉,烧柴好似抽儿的筋……饭做好了,柳迎春并未粘一粘唇,就把饭端来让公爹享用,不料公爹却手执拐杖将儿打,难道说恁疼恁爱儿就不亲。周云太听后深受感动,认为柳迎春是天下最贤孝的媳妇。

周文选在京城考中状元,但却被温丞相强招赘为婿,周文选不答应,温丞相及手下就生出下策,逼迫周文选就范。温丞相派人到周文选的家乡,谎称接柳迎春和周云太到京城同享荣华富贵。当船行至河中间,指示手下耶豹将他们二人杀死,多亏了船家的搭救,柳迎春和周云太才得以逃走活命。

二人逃命没走多远，周云太年老体衰，不能行走，倒卧在沙滩。正是逃命之紧要关头，公公却走不动，无奈之下，柳迎春大喊耶豹杀来了，以此激励公公攒一口劲儿赶快逃走。公公说就是耶豹杀来了，也难以行走，媳妇你赶快逃命吧，别管我了。柳迎春当然不肯撇下公公不管，就说："我过门以来，你是把我当儿媳看待还是当作女儿看待。"周云太说："我是把你当作女儿看待。"柳迎春说："如此，公公，让我背着你走吧。"——因为在中国传统文化中，公公和儿媳妇是授受不亲的，至今还有一个歇后语，老公公背媳妇过河，出力不讨好。若是父女关系，则不存在这个问题。周云太听后，非常感动，就让柳迎春背着行走。因为戏剧表演的在场性，这个背的动作是真实的，一个瘦弱的青衣要背上一个老头，不但背，而且还要跑快圆场，表示行路逃命，而且还有八句唱："柳迎春一阵阵心如麻，骂一声文选贼冤家。俺公媳二人遭磨难，你在京城享荣华。你帮不帮俺又在你，好不该差人把俺杀。正背公公往前走，把公爹摔在了流平地上。"① 唱腔还要圆润动听，气不能喘不能粗，这就对演员的功力提出了较高的要求——这也形成了该出戏的看点，因此这出戏得名《背公公》。后来有一个张宝英演出的新改编本，虽然也背公公，但不唱了，改为幕后伴唱，这大大降低了表演的难度，也失去了感人的力量。

周云太和柳迎春决定要状告周文选，于是就拦道喊冤，不料他们遇到喊冤的官员正是苗郎。原来苗郎被田大人收为义子，供他读书，现在已考中状元了。苗郎修书一封，请父亲周文选过府议事，周云太和柳迎春见到周文选后，分别对他斥责了一番，加上苗郎的求情，周云太和柳迎春原谅了周文选的过错，一家人团圆。

《卖苗郎》这出戏很好地反映了柳迎春的两难选择，当一家人食不果腹，就要被活活饿死之际，为了活命，为了给公爹治病，柳迎春选择了把儿子卖掉，孝敬公爹。在二人被追杀，公公年迈难以行走之

---

① 根据演出视频记录。

时，柳迎春打破了公公和儿媳妇授受不亲的伦理界限，依然背起了公公逃命。柳迎春体现了中国传统女性贤孝的典范。

可能现在的读者和观众会怀疑，真的有父母卖亲生女儿的故事么？新中国成立以前，中原大地，战乱频仍，灾荒不断，卖儿卖女的事情并非稀罕，从旧社会过来的人都深有体会，听到过他们讲述不少类似的真实故事。倒是柳迎春告状巧遇儿子苗郎实属巧合，那也是无巧不成戏。

第六节　对不孝者的快意惩治

山东梆子《墙头记》根据蒲松龄同名俚曲改编，由山东省鲁剧研究院艺术室集体讨论，孙秋潮执笔，并参考山东淄博市五音剧团演出本《二子争父》改编而成。1960年，山东梆子剧团进京演出《墙头记》受到党和国家领导人的好评和亲切接见。1982年，中央新闻纪录电影制片厂将该剧拍摄为戏曲艺术片。该剧先后被吕剧、评剧、豫剧、秦腔、河南曲剧等剧种移植，在社会上广为传播。

《墙头记》讲述的是张木匠，他有两个儿子，大儿子大乖，二儿子二乖，两个儿子争着不养老，认为张木匠年纪大了，不能干活了，没有用了，是个吃白饭的。大乖做生意，是个耍秤杆的，很会算计。他的妻子李氏给公公张木匠喝糊涂，大乖说不如给他吃金银馍，就是糠团子，外边包上薄薄的白面皮，其目的是坟头上烧纸——挡活人的眼目。张木匠认为大儿子不孝，想把半亩养老地要回来自己过活，没料到大儿子却把算盘打得啪啪响："咱就算个一清二白。一年三百六十天，我养了你八年整啦，唉，咱折半算按四年说，你每天吃的用的，一天三百钱不算多吧？四百三十二吊，咱把这两吊零抹了去，四百三十吊，来来来，咱是一手交钱一手交地，拿来，拿来吧！"①

---

① 孙秋潮执笔：《墙头记》，山东人民出版社1961年版，第8页。

二儿子二乖，表面看是一个斯斯文文的读书人，满口的仁义道德，可是内心却极度自私自利，那些经典名言倒成了他不孝名正言顺的理论依据。"孟夫子死年八十四，孔夫子寿终七十三，老爹爹今年够八十五，恨不死在圣贤年。饱食终日无所用，暴殄天物费吃穿。"①

大乖的妻子李氏更是尖酸刻薄，故意虐待老人。她把冰凉的糊涂端给张木匠喝，张木匠不喝，李氏立马把糊涂泼到地上，并叫来狗喝，说狗喝了还能看门。李氏对每个月的大进小进也斤斤计较，认为自己吃亏，刚好这个月又遇到小进，她撺掇大乖把张木匠早点送到二乖家。二乖夫妻俩早就商量好了，来个闭门不收，任凭大乖怎么打门，装聋作哑，就是不开。大乖就把父亲撮到墙头上，说："要掉你掉到墙里边，掉到墙外边可没人管饭。"②

就这样，老头子被困在墙头上，恰在此时王银匠路过，他问明了缘由，决定给张木匠想个办法解决问题。王银匠先到大乖家，谎称找张木匠要钱，说他以前在他那里把碎银子整合成大块的银子，欠他一些手工费。王银匠看到张木匠不在大乖家，就到二乖家要，说张木匠留着银子防老。

大乖、二乖一听父亲有银子，态度立马来了个180度大转弯，生怕对方接走了父亲，得到了银子，占了便宜。两家从争着不管到争着管，争着拿好吃好喝的孝敬老人，其目的是讨老人的欢心，希望套出银子的下落。

两年后的中秋节，二乖和妻子赵氏故意准备下酒宴，想把张木匠灌醉，套出银子藏在何处，软磨硬逼要张木匠立下遗嘱。大乖听见风声，害怕父亲走漏了消息，让二乖得了便宜，早爬上墙头听墙根："老二杀猪又宰鸡，他不是孝顺为的银子。他若把银子诓了去，我孝顺他二年屈不屈。到那时，我狗啃骨头干咽沫，猫咬尿泡空欢喜。怎

---

① 孙秋潮执笔：《墙头记》，山东人民出版社1961年版，第10页。
② 孙秋潮执笔：《墙头记》，第15页。

夫妻纵有千条计，我来个爬墙偷听对付你。"① 张木匠守口如瓶，最终也没有吐露半点信息。

张木匠过上了衣食无忧的日子，两个儿子争着孝敬，但他心里明白，他们是冲着银子来的，而张木匠并没有银子，依靠谎言过活使他惴惴不安。两年后，张木匠将不久于人世，他的两个儿子都希望张木匠能说出银子的下落。张木匠只说看见那堵墙，想起王银匠。恰好此时王银匠也赶到了，王银匠将计就计，说银子就在墙下面。他的两个儿子争着扒砖挖墙，墙倒了，把他们压在墙下面。

这个故事通俗易懂，喜剧色彩颇浓，深受观众的欢迎。其中促成大乖、二乖态度转变的根本因素是钱。大乖的话更是前后矛盾，自己打自己的脸。他不孝敬张木匠，想把父亲赶到弟弟家，父亲说吃完饭了再走，大乖说吃完饭了没法算账，他把父亲撮到墙头上，背父亲时还抱怨人老了连骨头也硌人。当听王银匠说父亲留有银子防老时，大乖抢着要把父亲背回家，张木匠说回去吃饭不好算账，大乖说这是哪个混账王八蛋说的，亲爹吃亲儿的饭，算的哪门子账啊！大乖要背父亲，张木匠说人老骨头硬你背不动，大乖说背得动，像你这样的爹，就是有十个八个也背得动。大乖二乖势利之极，有钱就是爹，无钱就不是爹，他们的爹就是钱。

"撮上墙头"现在已成为人们的口头习语，是儿女们不孝敬老人相互推诿的形象表达。

第七节　城镇化进程中的孝道

现在，中国人基本解决了温饱问题，人们正朝着小康生活奋斗，虐待老人，不让吃喝的现象比较少见了，可是像《老子·儿子·弦子》所反映的，不尊重老人的生活习惯，不关心老人的精神需求却比

---

① 孙秋潮执笔：《墙头记》，山东人民出版社1961年版，第35页。

较普遍。

豫剧现代戏《老子·儿子·弦子》讲述的是赵铁贤有两个儿子，大儿子王赵智（因招赘王家，所以改姓王），二儿子赵明顺，这两个儿子不是不孝，而是争着孝敬赵铁贤。特别是大儿子，为了表达自己的孝心，竟然把老人从弟弟家抢走。

可大儿子王赵智对老人表达孝心的方式令人难以接受，他要老人按照他的生活方式生活，每天要按时睡觉，按时量血压，还派专门的保安看守着，不许随便出去和会见客人，要喝咖啡，要吃蚂蚱、蝎子、牛鞭，还有冰箱里成堆的凉水果，虽然王赵智让赵铁贤吃得好住得好，可是老人觉得不自由、不痛快，生活在这里好像住监狱一样难受。

更让赵铁贤痛苦的是大儿子反对他拉弦子唱曲子，赵铁贤原本是河南坠子民间艺人，靠拉弦子唱曲子养活一家人，曲艺伴随他一辈子了，成了他重要的精神支柱，和周金妹一起唱曲是他最开心的事。王赵智不让他父亲唱曲的原因是，在他的观念中，唱曲就是卖艺的，卖艺的低人一等，现在他是大老板了，让别人知道他父亲是卖艺的，会让别人看不起他，影响他的前程。

王赵智为父亲办生日宴会，表面上是为父亲祝寿，其实是为了自己摆排场，收受别人的礼金。在他眼里只有权力和金钱，根本没有人，他把人分为三六九等，一等客是带长的各级领导，二等客是带老板、经理的各种有钱人，三等客就是普通的人了。生日宴会上，周金妹前来唱曲祝寿，赵铁贤心里高兴，忍不住手痒，把弦子拿了出来。王赵智认为父亲当场丢他的人，大为恼火，二人产生了激烈的冲突。

王赵智与父亲赵铁贤的冲突中，要把父亲的弦子砸了，赵铁贤在愤怒中痛痛快快地说出了自己的心里话："骂声娃子少撒泼……凭心论恁是真心孝敬我，称得上敬老的标兵楷模。实可叹用心良苦无效果，可得再学学养爹的科学。想千方用百计把劲儿用错，恁敬我吃敬我喝不知我苦不知我乐。不知我心里想咋着，想咋着，不知我心里想咋着。一提起这弦子你就气就火,可知道它连着爹爹的心一颗。"① 王赵智认识到自己的错误,不再反对父亲拉弦子唱曲儿,并为父亲买了一把昂贵的弦子以表示支持,父子和好如初。

这个现代戏情节设计虽然在某些地方夸张过度,失去了真实性,使该剧的现实意义打了折扣,但该剧所表达的主题有积极意义,孝敬老人,不仅仅要关注他们的吃喝和身体,更要关注他们的精神需求,从精神层面孝敬老人。

相比之下,古代的老莱子更聪明,他的故事也许能为今天的人们带来某些启示。老莱子照顾父母非常周到,千方百计使父母开心,关注他们的精神健康。老莱子为了使父母开心,就养了几只鸟儿,这几只鸟儿叫得很好听,老莱子的父母听到了,就说这鸟儿叫得真好听,动听的鸟叫声使他们精神愉悦。于是老莱子就千方百计逗鸟叫,有时甚至自己学鸟叫,目的是让父母开心。

有一次,父母感叹道连自己的孩子都七十多了,头发白了,父母也将不久于人世。老莱子听后,为了减轻父母的哀叹,就自己装嫩,他买来了五彩斑衣,学着跳五彩舞,走路学婴儿蹒跚摇摆的样子,父母看到后,果然非常开心,他们忘记了老莱子的年龄,还以为他是小孩,也忘记了自己的年龄,生活在天伦之乐中。

还有一次,老莱子为堂上的父母打水,一不小心摔倒了。为了不让父母替自己担心,他忍着疼痛,装着故意摔倒,还在地上就地打滚,学婴儿的啼哭之声,父母也就认为老莱子是逗他们玩儿的,而没有注意到他是摔倒了。

老莱子的父母能活到九十多岁,说明他们的精神非常愉悦,精神愉悦是健康长寿的前提,这也是老莱子从精神上孝敬父母的结果。老莱娱亲的故事,反映了老莱子的大智慧。

---

① 根据演出视频记录。

第八节　民间孝道的当代价值

我们今天谈论孝道，仍有积极意义，特别是中国今天走进老龄化社会，社会面临巨大的养老压力，如何对待老人，如何孝敬老人，传统的孝道如何适应现代社会，传统的孝道如何转化为现代的孝道，仍有探讨的价值。

在城镇，一是居民的文化水平普遍较高，二是老人大多有退休金，能够养活自己，经济上能独立，孝道问题还不特别突出尖锐。但在农村，一是农民本身的文化水平不高，二是老人没有退休金和医疗保障，年老后丧失了劳动能力，没有经济收入，全靠儿女养老，再加上老人子女本身收入不高，挣钱很难，因此，经济问题比较突出，孝道在农村显得尤为重要。还有的老人子女比较多，但都觉得养老人"吃亏"，相互推诿责任，致使龙多不下雨，老人虽然子孙满堂，但无人管问。正如俗语所说："城里老人为长寿忙，农村老人为活命愁。"

2009年，黑龙江的三位大学生花费了两个月的时间在山东曲阜南辛镇进行实地调查，调查的结果令人震惊。据李彦春《一份令人心痛的农村孝道缺失调查》显示，在曲阜南辛镇43个村庄，1186名65岁以上的老人的受调查者中，老人与儿女分居者占72.2%，三餐不饱者占5.6%，衣着破旧者占85%，生活必需品不全者占90%。受调查的300多个子女中，56%的人认为孝与不孝与经济有关，13%认为与经济无关，31%认为父母无冻馁之虞就算尽孝。[①] 也就说该镇的老人只是能吃饱肚子而已，连生活必需品也不齐全，更谈不上精神的享受。

调查更让人吃惊的是，走遍43个村，调查者还发现：每个村的村外树林或空旷处，都有"躲儿庄"——三五户、五六户甚至十几户不等的老人群体。老人们"躲儿"的原因不一，有的是被赶出家门，

[①] 李彦春：《一份令人心痛的农村孝道缺失调查》，《百姓生活》2009年第12期。

有的是为"躲清静""眼不见心不烦"。① 居然在孔子的诞生地、也是孝文化的发祥地出现了"躲儿庄",这些被子女所抛弃的老人,只好采取抱团养老的方式,老人之间互相帮助,年轻的照顾年老的,无病的照顾有病的,以此种方式实现老人的自立。也有学者建议,在老龄化社会,抱团养老也是可以探索的一种养老方式,因为子女一代都面临着巨大的工作压力,还要忙于自己的社交和抚养子女,老人要自立。但抱团式养老必须有两个条件,一是老人要有一定的经济能力,二是老人愿意自立、愿意抱团式养老,子女还要关心参与抱团养老的老人,而不是对他们不管不问,让老人有一种被抛弃的感觉。

　　调查更重要的发现是孝和不孝有时也难以界定,比较典型的不孝毕竟属于少数,更多的是介于两者之间,不能说是孝也很难界定为不孝。对1186位老人的子孙的问卷调查显示:不肖子孙、孝子皆属少数,大多数游走于两者之间,即与父母保持着若即若离的关系。这种关系人称"冷暴力"或者"软折磨"。② 这就比较难办,有时法律也难起作用,大多数老人对于家中的不孝之事不愿往外说,认为家丑不可外扬,害怕儿女们知道后会对他们变本加厉,而村干部对此也很难插手,"清官难断家务事",即便是管了也不能从根本上解决实质问题。这就是今天宣扬孝文化的必要性,要让儿女们能发自内心地关爱老人就像人们关爱儿女一样,这才是真正的孝。

---

① 李彦春:《一份令人心痛的农村孝道缺失调查》,《百姓生活》2009年第12期。
② 李彦春:《一份令人心痛的农村孝道缺失调查》,《百姓生活》2009年第12期。

第九章　孝道的民间组织实践*

现今孝道的重新发扬光大，一方面离不开党和政府的领导，另一方面离不开社会组织的推动和广大老百姓在生活实践中身体力行。实践出真知，民间孝文化的开展对新时期孝道的创新性发展具有重要的启示意义。下面就以河南省孝文化促进会的探索为例来探讨新时期孝道的民间实践的内容、形式以及当代价值。

第一节　孝文化促进会简介

河南省孝文化促进会于2009年4月11日成立的，是河南省民政厅批准成立的非营利性社会组织，由河南省文化和旅游厅主管。河南省孝文化促进会是全国成立较早的专门弘孝的社会组织，有一套相对完整的指导思想、活动宗旨和实施准则，工作目标明确而具体，措施可操作性很强。[①]

一　孝文化教育的平台

河南省孝文化促进会的最早发起人是前河南省慈善总会副会长鲁献启，在工作实践中他发现，基层的大量问题靠慈善不行，用钱只能

---

* 本章是根据对河南省孝文化促进会副会长兼秘书长孟亮的采访以及相关资料整理而成。
① 参考河南省孝文化促进会网站http：//www.hnsxwhcjh.com/chujin.shtml。

解决一时的困难，解决不了长久的问题，要想解决农村所存在的问题，要靠孝文化的教育。鲁会长前期主要依靠民间的国学爱好者跟着他一起去宣扬孝文化。当时没有组织队伍、没有整体规划，虽然也搞过万人的大型讲座，筹款百万，但是由于没有专职人员，没有组织建设，活动缺乏可持续性。直到2018年年初《时代报告》社长张富领接替鲁厅长担任会长，2019年1月孟亮担任专职工作人员，这个组织才有了长期地、经常性地开展工作的保证。

孝文化社会教育工作到底该由哪个部门来承担？没有专门的政府部门来承担这一工作，文化部门、党委宣传部门工作量太大了，目前看来最好的做法是政府倡导、民间呼应、社会参与。当然，社会化教育主体还是党和国家政府，党委政府倡导，社会组织积极参与，与民众形成良性互动。眼下这些社会组织不够强大，往往忽略了如何在社会更好发挥作用的组织建设。《东方今报》曾经成立了孝文化研究院，但也是空的，体制、机制等问题都不好解决。因此，具有完善的组织机构和专职工作人员的河南省孝文化研究会的成立，搭建了一个非常好的推动孝文化工作的平台。

二 具体思路和定位

第一，要弘扬新孝道，不是旧孝道。由于在长期的历史发展过程中，封建时代的旧孝道有太多的历史尘埃，也不能完全适用于当下的社会环境，所以我们必须探索出一种新孝道。新孝道是用传统孝文化的智慧来解决今天社会和家庭所面临的问题，而不是照搬传统孝文化。新孝道无论在理论内涵还是传播方式上都要体现新，要适合新时代，要能解决新时代面临的各种各样的问题。这是总体的理念。这当然也离不开中国特色社会主义思想为指导，在发扬中华优秀传统文化的同时自觉践行、弘扬社会主义核心价值观。

第二，工作范围涉及企业、机关、社区，具体工作上更侧重乡村。主要选择乡村，是因为当今乡村面临着更大的压力：脱贫、文化教育、维稳、产业转型、人口压力等，乡村文化供给严重不足。目前，我国农村的道路、网络、电力供应基本上没有问题，但在文化上是很欠缺的，尤其是基层党组织文化供给方面明显不足。对于农民来讲，吃、穿、住、行问题基本解决了，精神需求就成了当前急需解决的问题，是新时代乡村最重要的问题。在乡村，传播孝文化更有生命力，因为当下很多人进城了，人口转移到城市只是表象，很多人都有乡土情结，心还在乡村。乡村是很多中国人的精神家园，大家需要通过乡村找到灵魂的连接感，很明显，当一个人困顿无助时，去乡村转两天就可以找到精神力量。所以，把乡村孝文化建设好，也等于给中国人寻找精神和灵魂的归宿。

三 主要方式和途径

河南省孝文化促进会目前把主要力量放在了河南省首批乡级孝心示范村建设上。做好了乡村，无论是地方党委政府还是主管部门都会看到这个社会组织的价值。如果选择在城市传播孝文化，一方面城市的文化供给量很大，可能会不屑于一个民间组织的活动。另一方面，城市主要以机构来划分，是有组织的，更便于以单位和团体进行组织教育，与乡村不同。乡村更需要孝文化，这算是有所为有所不为，孝文化促进会工作重心有所侧重。

乡村最关键的问题是养老。乡村老人没有退休金，医保相对很低，吃得差，穿得破，住得不好，小病大病都得扛，国家还没有能力完全解决农村养老问题，只有子女扛起来这个责任农村老人才有尊严。要唤起农村人的孝心来解决农村人的养老问题，关键就是要恢复家庭养老的功能，这也是当下迫切需要解决的问题。如果没有唤起农村人的孝心，农村的老人几乎没有出路，很难有幸福感可言。对于文明国家来讲，如果老人没有基本的保障，文明又从何谈起呢？乡村文明又如何振兴？所谓乡村文明最基本的内涵应该是老有所养、老有所依、老有所乐。孝文化进乡村是一条正确的道路，上为党委政府分忧，下为解决老人的养老问题提供了一个可供参考的方案。

第二节　孝心示范村建设

唤醒农村人孝心的方法是建设孝心示范村，至于具体如何开展活动，《河南省孝心示范村建设项目介绍》中关于组织实施、资金来源、项目宗旨有详细的方案介绍，[①] 具体内容包括项目介绍、背景意义、组织推动、入选方式、入选条件、实施目标、实施步骤、项目概况、效果预估、项目保障等，均有明确的说明。

一　活动要点

首先，要有仪式感。仪式感能在某种特定的场合给人信念和力量，孝心示范村活动要求村民宣誓：有钱紧着父母花，好饭紧着父母吃，好衣紧着父母穿，好房紧着父母住，好景紧着父母看。通过这种简单的富有时代感的方式影响乡亲们，良好的社会风气就逐步形成了。

其次，开展集体活动——孝文化节。以往举办各种传统文化教育活动的情形通常是"大会听得激动，会后一动不动"。要想解决这样一个问题就需要通过持续的活动强化活动效果，在孝文化示范村每个月开展一个孝文化节，在固定的一天给老人包包饺子，唱唱歌。全村村民都去，县里很多人都去，还有一些外地人也去。这种场合显得非常热闹，让平时单调的农村生活一下子有声有色起来。每周五晚上举办幸福大讲堂，目的是让大家在一起，把单个家庭、不完整的家庭聚在一起变成一个大家庭，邻里之间的恩恩怨怨无形中就消失了。再通过一些集体活动，比如捡捡垃圾、清扫大街、集体给老人包饺子吃等，真正让每一个村民感受到过去的孤独和今天集体的温暖截然不

---

① 资料参考 http://www.helloculture.cn/xdwh.html。

同，感受到孝文化给人带来的幸福。

二　效果很明显

第一，村民的参与意识。对于孝文化活动老人自然很期待，关键是需要年轻人的积极参与。年轻人大多会前期观望，然后参与，这需要一个过程。要调动青年一代的积极性其实并不难，一个村建设孝文化村，种子播在他们村的场域里，这是因。在大氛围的影响下，他不好意思对他爹妈不好吧？青年一代的行动就是果。如果靠单个做工作，通过个体改变就很麻烦。大气氛带动每个人去转变，就像一个人上了高铁一样，上车就拉着走了。

第二，领导干部的参与。实践证明，通过孝心村的建设能明显改善乡村治理，要想使这一活动能够持久地进行，根本问题就是用孝文化加党建，河南省孝文化促进会的做法就是党建加国学。国学教育一定要和基层党组织建设结合在一起，而且这个结果是基层领导者想要的。这个原因是显而易见的：当一个人心中装着父母、装着家人的时候，很多问题不需要答案，能让问题直接消失，这就是孝文化的魅力。在这方面有经典的案例，可以参看河南省孝文化促进会的网站"孝心示范乡村"一栏。① 这里既有一个乡村具体的工作开展情况，又有一些起模范带头作用的乡贤的事迹。

第三，辐射效果。通过孝心示范村建设，改变一个村能影响一个乡。这种影响主要通过的两种途径：一方面是口碑和效果。当死气沉沉的乡村有一股新的风气吹过来时，让无数人感到振奋，让无数人看到希望。另一方面是政府的提倡。对党委政府来讲，乡村怎么治理是一个现实问题，对于一个连爹娘都不管没有人性的人怎么可能去跟他讲党性？就算讲了也讲不到心窝里去。孝心示范村建设活动给乡村社会文化教育找到一个突破点，就是讲爹娘，而且有一套相对很简单的

---

① 参见河南省孝文化促进会网站 http://www.hnsxwhcjh.com/shifancun/。

东西，把孝文化和乡村存在的问题相结合，从而创造出新的东西。

三　未来乡村的发展趋势

在传统农业社会里，礼俗对人们的日常制约自然而然形成了一种气氛，现在传统的礼被抛弃得差不多了，是否可以考虑礼的重建，让其自然而然形成一套自然遵从的社会规范呢？如果礼俗能够得到重建，就不需要一个月做一次活动了。然而，这种想法估计很难适应当今的社会基础和生活方式了。中国古代传统社会的生产方式和生活方式比较稳定，所以比较容易形成一套比较稳定的大家都能遵守的行为准则，而当今的农村社会已受到工业化社会的冲击，已不可避免地融进了现代文明中，具备了现代社会的一些特征。这个最明显的特征就是公共性，农民与城市居民一样对社会成员的彼此依赖性很强，共同形成了一个命运共同体。比如，今天的农村买车必须有道路规划，也不能随便乱停。公共基础设施和公共文化建设都是一个整体，我们既有个体的需求也有整体的需求。单个家庭面对国内、国际整个的大形势时，自身能力是很有限的。要想获得良好的发展，坐上快车才能跑得更快，不可能像过去那样骑自行车。因此，可以预料，未来的农村一定是乡村社区，从零散分布到大聚居。也就是当年毛泽东主席设计的一套理念，未来必须走集体，单个的家庭很难解决自身面临的各种各样的问题。

在从传统到现代的社会转型过程中，要做好基层孝文化教育，现在的基层党组织既要承担起传统社会里家长的责任，老师的责任，又要担当起领导的责任，给大家提供最基本的公共文化教育。找到这样一个人是否有困难？对于河南孝文化促进会来说并不难，因为花开蝶自来，都是基础党组织找上门来，而不是被动地强为人师。当然，这需要对基层党组织人员进行培训。如果能提供基层党建国学方案，通过学习国学让基层党组织更加强大，让党员起到先锋带头作用，那么这个国学是真正有用的国学。所以，孝文化必须和我们党的工作紧紧结合在一起才有生命力，才有未来。

第三节　孝道的当代精神价值

一　树立正确的生命观、价值观、世界观

河南省孝文化促进会副会长孟亮是资深媒体人，他认为今天的媒体存在很多问题，扬人恶即是恶，容易给人错误指引，当海量负面信息占领舆论平台时给我们打击是灾难性的。他做孝文化后，自我感觉基本没有负能量。对于今天种种社会问题，究其根本在于做人没有标准，做事没有标准，都是小聪明没有大智慧，都是等着索取很少有人奉献。其实最好的索取就是奉献，不想要的时候福气来了，福气追着你跑，这就是传统文化所要解决的大家的生命观、价值观、世界观问题。

只学传统文化，没有用来解决党中央想解决的问题，没有用来解决老百姓关心的问题，没有用来解决国家治理体系、治理能力的问题，另起山头闭门造车显然行不通。这样，怎么把传统经典里的智慧转化出来给大家用？所以，面对当务之急，一是需要学习传统文化，打底子，同时要学习社会主义新时代的思想。要落实到学完国学之后一定要知党恩，这个党恩就是以习近平总书记为代表的共产党。二是要感觉到党恩在哪里。这么和平的环境，老百姓能衣食无忧，工作学习创业，可以满世界跑不受人欺负，等等，这都是来自我们的国家我们的党的护佑。三是怎么报答党恩。关于报答党恩，对于今天的国学落脚点就是要把孝转化为对党和国家的忠诚，对中国特色社会主义的忠诚，对人类的忠诚，有了这个基本点国学是新时代的国学，否则是复古。今天不缺乏理论，缺乏实践。今天缺少的是偏重于做的人，用做来证明的人。随着经济的发展，人们必须回归到自身，回到自身，才能解决一个根本问题——幸福在哪里。

孝文化的功能就是挖掘我们内在的价值，挖掘我们家、挖掘我们

下篇　实践传承

子孙的内在价值，找到我们活着的意义和价值，明白怎么呈现自己的意义和价值。在很多人看来，生命存在本来没有意思，你赋予他什么价值它就是什么价值。这个赋予的价值的确是能带来身心上的愉悦，这是最大的动力和关键点。很多人排斥孝就是因为在历史上有很多用今天的眼光看来是残酷的事情，包括五四时期的小说对青年人的摧残。这个过程中具体有很多问题要探讨，孝要把握分寸，要以身心的愉悦为标准。负能量带给家人就是损伤家人生命质量，给父母正能量就是孝，给父母负能量就是不孝，归结到最后就是修心修己，加强自身修养。作为老师和记者都不能有负能量，倘若用负面信息伤害别人家的孩子，反过来想想，我们的父母能受益吗？

弘扬正能量，要内部消化负能量，要做到以下几个方面：第一，建设好自己，让自己是一个高尚的人，成为一个无私的人、有爱的人。第二，建设好家庭。第三，建设这个社会。我们想给爸妈尽孝是需要好的条件的，要想爹娘长寿，大夫不靠谱就不行，医生要有医德。要想孩子省心光有爹妈好不行，还有良好的学校教育和社会教育，教育要依托老师和面对的芸芸众生。不管是我们的幸福还是父母和孩子的幸福都离不开别人的奉献。你是我的家人，我也是你的家人。养儿子的都是给别人养女婿的，对于有儿子的人家那些养姑娘的人才是决定我们家族的命运。我们离不开别人，教别人的孩子比教自己的孩子更重要。用传统文化的智慧让每一个中国人都了解生命的真相、社会的真相，让我们大家都知道，想让自己幸福让亲人幸福，有了基础才可能有未来，除了爱没有出路。正路只有一条：你祝福我好，我祝福你好。古人有三乐，助人为乐，自得其乐，知足常乐。开发我们自己，就是开发我们的心地，生命最大的问题都在心地。怎么开发？就要弄清楚生命从哪里来？这就是孝，没有爹妈，我从哪里来？

二 对"小我"的突破

今天给父母尽孝和过去有很多区别，人文生态和社会政治生态都变了，社会基础和生活方式全都变了，新时代的伦理还没有完全形成，旧的大家都忘了，所以现在大家都不知道怎么该做了。一个家庭内部如果有几代人在一起的，如果缺乏角色意识和行为准则，谁想怎么说就怎么说，想怎么做就怎么做，过度的自由会导致家庭成员之间矛盾冲突很严重。因为大家普遍缺少相应的角色准则，所以在这个背景下重构新时代精神家园特别有价值有意义，关键是怎么将传统文化进行转化？这就是要进行"两创"：创造性继承，创新性发展。从总体上看这个问题，吃饱穿暖以后所有人都要解决的下一个需求就是精神需求——到底什么是真正的快乐？基本思路就是奉献、互助、利他、敬业，用我们参与国家社区的建设来成就我们对于价值的渴望，突破小我、小家，走向大我、大家。

现代社会心理问题很多，可以用孝文化来建设我们的心理品质。首先是对自己有个定位。自己的定位在哪里？从自己社会角色来说是自己的职业追求，踏踏实实做好自己的本职工作。从自己的家庭角色来说，到底是应该培养好孩子还是应该孝敬好老人？一般人认为是应该培养好孩子，实际这种想法是值得反思的。其实，自己的孩子都是给别人培养的，别人家养的孩子是自己家的，我们的幸福掌握在别人的手上。当我们定位在给自己培养孩子时痛苦就来了，而且痛苦伴你一辈子。我们做父母的一般都想要尽好自己的责任，那究竟该怎样看待自己的责任呢？孩子不是我们私人的，是祖宗的，是给工作单位培养的，给国家培养的，不是我们私有的，是社会共有的。如果你给孩子讲，将来郑州一千多万人的幸福就看你了，你看孩子的成绩咋样？心胸气魄有多大？

这就涉及我们怎么处理我们跟父母之间的关系，我们改变父母容易还是改变自己容易？你没有选择，你觉得父母不好，实际这样的父

◆◆◆ 下篇 实践传承

母对你刚刚好。那么我们怎么看待父母的缺点和优点？如果我们用列祖列宗的优点来改造我们自己，这个人该有多么优秀！如果一个人不能容忍父母公婆的缺点，你能说这个人有出息吗？孝解决的根本问题是生命的问题，从生命的整体和族群的整体来考虑问题，不是从个体和局部做简单的划分。所以，如何看待自己的生命这个问题很重要，我从哪里来？往哪里走？怎么活？怎么用？很多问题就想通了。一旦从自我里跳出来，很多问题就不是问题了。

一般人都习惯从自我出发考虑问题，如何去实现自我突破？如何教育人跳出自我？方式和手段有哪些？我们要在选择教育的载体上下功夫。理想的状态是抓住关键人。这些年河南省孝文化促进会去了很多单位政府、医院、监狱，主要体会就是抓住一把手。怎么抓住？当然基本是对方先找到这个民间组织的。一般来说，对于主动寻求的比较容易解决。如果是陌生人、没有主动寻求的怎么解决？这就涉及怎么寻找载体。今天的时代给孝文化、给国学教育创造了很好的条件，没有比这个时代具备更好的条件了：微信、电视、抖音，各种各样的平台。今天要用好这些平台，如果一个抖音阅读量300万，效果就很好。当然，这也是需要一个氛围的，有些人会主动去看，这是自我教育，如果组织很多人一起学习，效果还是很明显的。文化不是一个人的问题，是共性的全体的。

总的来说，要在内外两层寻求突破。比如，要从思想上给农村支部书记讲清楚为什么要当好支部书记？当好支部书记有哪些好处？古代有宗教信仰、因果教育、伦理教育等，现在要抛开带有封建迷信色彩的东西去讲。既然不能光从党性要求去讲，因为要求不能代表自觉，那就只有讲生命问题了，讲生命问题是很现代也很科学的。最起码的，作为村干部不能让老百姓骂娘，要给爹娘当好儿子，给爷爷奶奶当好孙子，别给子孙后代挖坑，老百姓都夸你，当爹娘脸上就有光彩。这个就能打动支部书记。然后在外在舆论上去改变老百姓，让老百姓为支部书记点赞。支部书记做了好事要放大再放大，不断给支部书记注入正能量,要给支部书记的成长营造好的舆论环境。孝文化最大的魅力就是改善乡村的生态。在欣赏赞扬过程中让他生活在正能量中,跟着正能量走。这里有个前提,一是孟老夫子讲人性本善,都想让别人说自己好;二是好人是教育出来的,坏人也是教育出来的,重点要做好教育工作。今天的孝文化不光是宣传,更重要的是孝文化的教育。

三 正确看待个体与整体的关系

(一) 民间与政府部门

这里还有一个问题我们不能忽略,民间的孝文化教育和党委宣传部门正在推广的新时代实践中心的关系问题,民间就是补充,是对党委政府的补充,不是替代党委政府的工作。今天中国共产党的力量是不可替代的,党是掌舵人,其修为、德行、境界决定了我们生活的质量和子孙后代的幸福,起码有影响。我们的文化要解决个体生命亟须解决的问题,就是世界观、人生观、价值观的问题。要解决家国情怀的问题,要解决中国巨轮上的每一个家庭的每一个乘客的问题,船沉了谁都别想幸福。我们要解决的到底是个体还是一体,我们是整体。学界有一种看法,我们是农业社会讲究集体,西方讲究个体,是海洋文化,崇拜英雄。人类无论如何无法摆脱集体,崇拜个体也是为了让其更大程度地为每一个个体服务。推崇集体不是压抑个体,而是让每一个个体得到更好的发展,不是为了集体的利益要牺牲个体的利益。

(二) 自家建设与社区建设

五四以来一些极端的口号和文化的延续,对我们今天还有影响。需要注意的是,在传播的过程中,要把过去的一些东西打碎,转化为今天的生活方式。淡化理论色彩,强化生活方式——这个生活方式需要创新。现在很多的城市居民除了工作,就是看电视,玩手机,吃吃喝喝,出去旅游,这成了城里人基本的生活方式。城里人要亲近大自然,这是一个很重要的需求。有一部分参与乡村脱贫的城里人是很幸福的,这种人在各个社区基本都能找到。郑州有很多爸妈做公益,周日不是带着孩子去补课而是去施粥,这个过程中,孩子胆识增加了,孩子的爱得到了增长,孩子的脑子灵活了,孩子脑子为什么会变灵呢?人只有在放下小我呈现大我的时候,生命才是一种舒展的状态,才是给生命充电的过程,否则都是消耗能量的过程。要在自家建设好的基础上,参与社区建设,特别要参与乡村和社区的治理,我们才有当家做主的感觉,才会发现原来我们是社会人,社会好每一个人才能好。

(三) 乡村互助养老

现在乡村年轻人外出打工多,空巢老人现象严重,农村人口大量向城市迁移是整体的趋势,也是人民对美好生活的向往,那么由此产生的乡村养老问题怎么办?在孝心村建设中推行的乡村的互助养老就是一种能有效解决问题的办法。就是让留守的妈妈、留守的媳妇共同把老人们聚在一起,发挥大家的大孝。建立农村日间照料中心,在经费方面政府有一定补贴,子女出一点,加上居住成本很低,都是乡里乡亲的,不担心虐待问题,也不需要国家大量财政投入。这就是发挥集体的力量,发挥组织的力量。个体力量抽离以后有组织作为补充,而且个体愿意为组织提供力所能及的帮助。孝心示范村建设中钱不是问题,捐款花不完,大家从骨子里爱家乡,想替父母做一些事情,只是没有组织没有机会。如果政府牵头有人管,家庭成员出钱,也许可以称为一种新的养老形式,能有效缓解家庭和社会的养老负担。

四 做好自己与尽忠尽孝

现在人们对于孝的概念非常模糊,据调查,新入学的很多大学生认为所谓"孝"就是孝顺,并且认为现在的父母管得太多,作为孩子很反感。这个问题需要父母和孩子都作出适当的调试,但是作为子女真的有"我"吗?"我"的身体从爹娘而来,吃的是农民种的粮食,穿的是工人做的衣服,走的是民工修的路,"我"是一个物质和精神的大组合,说"我烦"就糊涂了,不是"烦"而是每天要感恩父母,

"我"怎么不向路边卖水果的人要3000元学费？我们对父母的爱只是在一味索取、一味享受，这样养大的孩子都是废物。对父母来说也要学习，养儿女没教育就是养畜生，要对他们进行爱人的教育，敬人的教育，爱党爱国的教育。中国人的信仰就是祖宗信仰，祖宗崇拜也是孝的一部分，历代圣贤、列祖列宗创造了一套保护我们的生命的教育价值体系，让我们家庭代代兴旺，让我们的民族生生不息的，那就是一套以孝为核心的传统文化。

不同角色都要努力尽好本分，尽好本分就是孝。在教育问题上，最大的前提和基础是每个人都做好自己。尽心竭力地做人做事，尽己奉献，这是向内对自己良心的忠诚，也是向外对国家对集体的忠诚。如果你是老师，你默默发誓，要做最好的老师，让孩子们与你相遇一年而幸福一辈子，最后你会发现你自己快乐幸福了。学校的状况有没有改变并不重要，只要自己的小宇宙改变了，除了改变自己没有别的出路。推而广之，一个人、一群人甚至一个国家的改变是有可能的。当心的能量足够大的时候，你能纵横影响别人了，毛泽东、苏格拉底我们都没有见过，但他们在我的心中。父母在哪里？父母的身体在老家，父母的教育在我们的生命中，生命中所有的糟糕来自我们忘了父母，失去了生命的保护神离灾难就不远了。每一位都回顾自己过去的生命历程，生命中大部分的痛苦和烦恼都是来自忘了父母的教导。哪一个父母不是期望孩子幸福平安？没有父母牵挂的人生你觉得靠谱吗？

值得注意的是，现代很多年轻人动辄就拿西方的思想来为自己的自私行为辩护。我们现在所受的教育，整个现代知识体系几乎都是从西方进口的，我们给孩子提供精神营养的思想和文化基本上也是进口的。从大的方面来看，西方文明引领了这个时代，下一个更远的未来到底由谁来引领？这个关键要看谁能解决现在的问题，谁就能引领未来，文化是在相互竞争中传承的。过去的时代国家民族相对封闭，中国有一套完整的体系维系家庭和国家的运转，当外来的力量将这一格局打破后，需要用新的东西来改造和重构，提供一套新的东西来维系

◆◆◆ 下篇 实践传承

今天人类命运共同体。

打乱重组，一方面靠实践，另一方面要靠理论上的构建，最根本的是我们的传统文化和文明跟中国共产党的执政之间的关系问题。中国共产党是中国文化的创造者和引领者，中国共产党和传统文化的统合，能不断适应时代，能化解问题，能不断自我革新创造。今天不管谈任何问题，我们都无法抛开中国共产党的领导。孝文化和党建结合好才有生命力，这个政权的本质是一个无我的政权，是一个强者不能欺负弱者的领导。共产党有强大的自我修复功能，习近平总书记任职以来给大家带来了很多好的变化，我们心中有希望这个社会才会有希望。这就涉及我们该怎样去感知社会和感知家庭，那就是跟党走，做好自己。在家听娘的话，有个好身体，出门听党的话，有个好事业。今天的孝，就跟习近平主席的父亲习仲勋当年跟他说一样，"为人民服务就是对父母最大的孝"①。

总之，现代社会的概念意味着对他人的依赖程度越来越高了，一起构成了命运共同体。孝让家庭家族这条线把过去、现在、未来连在一起，不仅是横向的家族命运共同体，还是纵向的命运同同体。我们今天孝的状态和程度，对上和对下，对整个生命的链条的传承质量有非常重要的关系。这个不是学不学的问题，必须用孝文化来改造我们的格局家才能传好，这个接力棒才能传好。孝是对自我的突破，把我认为最好的给别人，这是在家庭中养成的，如果从小到大都是别人要给我的，这个人长大后很可能缺乏集体意识。要落实在家庭中突破自我和家庭社会连成一体，家是一个最好的关节点，这是中华民族对世界的贡献。相对于西方社会对家的不够重视，我们在历史上能做到世界第一恰恰就是因为我们对家对孝的强调，因为这是一个行为养成思维模式的训练。

---

① 央视网新闻：《致父亲——习近平与父亲的家国情》，http：//news.cctv.com/2018/06/16/ARTIAgXFqp9VYdv28n8M3RIM180616.shtml，2018年6月17日。

第十章　社会基础与孝的变迁

百年来的时代剧变常常使人感到迷惑，我们的价值观在遭遇着一场前所未有的颠覆：以前认为是天经地义的看法现在却经常被质疑，被认为是落后于时代的应当被抛弃的观念，以前被认为是错误的一些观念现在却堂而皇之到处鼓吹。西方的文化思想即使是垃圾和糟粕几乎到处被奉若神明，课堂上、媒体上铺天盖地，而传统动辄就被一些人贴上落后保守不合时宜的标签。天和地还是五千年前的天和地，种族还是五千年前的基因，先人用天人合一的思维安顿万物的秩序是否真的不适应潮流？生产生活方式的改变究竟在多大程度上要改变我们自身？传统对我们来说的价值何在？对传统的那种既爱又恨的情绪是否影响我们对其作出理性的判断？

徐复观说："研究思想史的人，应就具体的材料透入于儒家思想的内部，以把握其本来面目，更进而了解它的本来面目的目的精神，在具体实现时所受的现实条件的限制及影响，尤其是在专制政治之下所受到的影响歪曲，及其在此种影响歪曲下所做的向上的挣扎，与向下的堕落的情形，这才能合于历史的真实。"① 古人的思想不可避免地受到当时种种条件的制约，我们既不能拿当今的社会条件下的情况去衡量古人、作为评判古人的尺度，也不能要求古人对我们当今的现实问题给出直接答案，更不能因为古人没有给出这个答案就对他们以往

---

① 徐复观：《中国思想史论集》，上海书店出版社2004年版，第8—9页。

的思想建树一概否定，我们所要做的是沿着古人的思考路径去探寻，从他们解决问题的思考里得到启发，从而解决我们当下的问题。对待孝道的创新性发展问题亦是如此。

现今社会上就有一种反对孝道的声音，其理论基础貌似雄辩：因为经济基础决定上层建筑，孝道是农业社会宗法制度下的产物，现在是工业社会，所以孝道已经不再适应现代社会的发展需要了。的确，百年来，我国的社会发展从生产方式到生活方式都发生了翻天覆地的变化。孝道真的过时了吗？孝道真的不适应现代社会发展了吗？这里有几个关键性的问题：孝是否是专属于宗法制小农经济的、是否具有普世价值？到底社会基础的变化对孝道的冲击有哪些？面对新时代我们该怎样探索发展适应社会需要的新孝道？

第一节　孝道是否具有普世价值

虽然孝是人类各个民族都有的一种文化现象，只不过发展程度有所不同，只有在中国古代获得了前所未有的充分发展。一般认为，这是跟中国古代国家的形成历史有关系，中国最早的国家是由部落宗族联合而形成的，孝作为一种联系宗族感情和政治管理的有效手段就被突出强化发展壮大。随着现代化大生产的工业化社会的到来，冲破了原有的社会组织模式，也改变了整个社会文化结构。于是，几千年来被奉为至德要道的孝道，遭到近现代以来的"非孝"运动几乎全盘的否定。因此，要讨论孝道的普世价值首先需要弄清楚，孝道是否基于人的本性和人类社会的基本需求。

一　孝道的人性基础

儒家之所以对孝道备受推崇，离不开对其人性基础的认同，甚至是整个"仁学"展开的基础。孟子应该是最早明确提出了孝道的人性论基础的人，他在论证性善论时用孩童无不知爱其父母来加以说明。但是孝道的人性根基到了近现代受到了西方文化的冲击,传统的纲常伦理被激进派认为是与西方的独立、平等、自由不可相容之物。陈独秀主张要铲除家族制度,吴虞提出礼教就是吃人的,鲁迅否定父子之间的恩情,声称生出子女只不过是性交的结果,傅斯年指控传统家庭压抑了年轻人的个性是万恶之源。马克思也说过,在人类的起始阶段和最高阶段(由于人性的充分实现)没有家庭,家庭会随着生产方式的改变而改变,在张祥龙先生看来,这等于是"断定人类的本性是非家的或无家的"①。

实际上,这些过激的言论有失稳妥,张祥龙对此进行过梳理和分析。针对父子关系只是性欲冲动造成的说法,他认为忽略了亲子关系中一个非常重要的基本事实——父母和子女之间的关系不仅只有生产而且还有养育,因为性欲是人与其他动物共有的东西,但是人类是否要养育自己的孩子却不是生物本能决定的,而是可以选择的,从而也决定了子女的生命和生存状态。针对子女以自己出生的被动来否认父母对自己有恩,他注意到康德在《道德的形而上学》里主张——因为父母没有得到子女同意就生下他们,所以必须无偿将其抚养成人,等到子女有了自由意志和完整人格时亲子之间已无天然联系,来往只剩契约关系。因此,康德认为父母抚养子女并无道德上的理由来要求子女偿还。这一理论也是存在问题的:由于子女对出生没有选择能力,他们的选择能力也不是被父母剥夺了,而由此推出没有做过选择就可以割断父母恩情显然是不成立的。

张祥龙在《家庭和孝道是否与人性相关?》一文中又根据人类学的一些最新研究成果进一步论证了夫妇和亲子关系的人性依据。现代人类学认为人类的家庭形式和亲子关系可以多种多样,但从来没有出现过无父无母的混交时期,家庭是人类存在的一个标志,人类的家庭一直都是存在的。以斯特劳斯为代表的人类学家认为乱伦禁忌是人类

---

① 张祥龙:《家与孝:从中西视野看》,生活·读书·新知三联书店2017年版,第60页。

一开始就有的,而非仅仅出现于某一阶段。根据"威斯特马克效应"——从小生活在一起的男女孩子长大后相互缺少性兴趣,说明乱伦禁忌不仅与文化有关系,还有生理和心理的依据,或者说是人性依据。① 跟男女有别直接相关的是夫妻关系和亲子关系的确立,由于人类婴儿是提前出生的物种,三年方脱离父母之怀,相对于其他哺乳类动物没有父母的照顾极难存活。当父母的养育之恩被子女意识到以后,很容易自然形成一种回报意识。所以在张祥龙教授看来:"新文化运动对中国家庭和人类家庭的糟蹋,正是对人性的糟蹋。"② 他的这篇文章正是对近代以来的毁家运动做了一个很好的回应,基本确立了孝道的人性基础。

二 孝道的情感基础

不可否认,传统社会与现代社会存在巨大差别,社会学家曾经将其分为不同类型:德国的社会学家滕尼斯将传统社会称为礼俗社会,将现代社会称为法理社会;涂尔干分别将其归入机械团结和有机团结;费孝通先生提出以中国传统社会为代表的差序格局和以西方社会为代表的团体格局,还有熟人社会和陌生人社会;等等。这些认识基本上都是强调了现代社会的法治功能和契约精神,避免人的感情关系给社会公平和正义带来的损害。不管是传统社会还是现代社会都离不开法规制度,但是人类社会除了利益有需求,对感情的需求同样重要。从某种意义上来讲,人是一种情感动物,不能只强调理性利益而忽视情感性的一面。

中国哲学"最重要的是情感问题,而不是理智或理论的问题"[3]。儒家比西方哲学更注重情感,始终从情感出发考虑诸如人生和存在的

---

① 张祥龙:《家与孝:从中西视野看》,生活·读书·新知三联书店2017年版,第67—79页。
② 张祥龙:《家与孝:从中西视野看》,第73页。
③ 蒙培元:《情感与理智》,中国人民大学出版社2009年版,第7页。

问题，在此基础上建立意义世界和价值世界。孝首先就是一个情感问题，虽然从现实意义上来说"养儿能防老"，但是孝道并非功利性的对养育之恩的回报，也并非完全是一种习惯性伦常，孝悌之道是"为人之本也"（《论语·学而》）。从存在论根基上说，"存在作为一种生活领悟，在本源上不过是说的生活本身的生活情感，而其源头，乃是母（父）子之爱。这一点对于儒家来说乃是最本源的感悟：如果说爱的情感是一切的本源，那么，亲子之爱就是本源的本源。"[①] 因此，儒家思想的出发点也在于要维护这种亲情，比如宰我对于"三年之丧"（《论语·阳货》）的质疑就是基于现实经验来考虑的，三年之丧会造成礼乐不兴，因此他认为一年时间就可以了。孔子只问他一个问题："于女安乎？"，是否"心安"是判断选择的依据，这个取舍标准是发自内心的真实情感，也只有这一层级上，"才能真正有效切中'孝'的存在论基础"[②]。最能说明儒家以情感立论作为出发点的还有关于亲亲相隐问题的争论，问题的焦点就集中在"直"上，在蒙培元先生看来，孔子所谓的"直"是"指父子之间不可隐藏的'真情实感'，而不是对偷羊这件'事实'本身的指证。孔子并不否定'偷羊'这件'事实'，但是去告发和指证就是另一回事了，这里有价值选择的问题。孔子正是通过对偷羊这件'事实'的态度，说明情感的真实性和重要性，说明人的最本真的存在就是情感的存在"[③]。叶公的"直"是以社会正义为标准，而孔子的"直"是以本源性情感为基础，而本源性情感理应优先于其他日常生活中的伦理规范和道德原则，是其他伦理规范建构的基础，否则就会"因本源情感的遮蔽而造成巨大的社会悲剧"[④]。所以说儒家更关心的是价值而非"事实"，叶公与孔子讨论的显然是两种不同性质的问题："情"关乎人的存在，"法"则涉

[①] 黄玉顺：《爱与思——生活儒学的观念》，四川大学出版社2006年版，第43—44页。
[②] 张新：《孝：本源情感与终极关切》，《阴山学刊》2015年第3期。
[③] 蒙培元：《情感与理智》，第25页。
[④] 张新：《孝：本源情感与终极关切》，《阴山学刊》2015年第3期。

及社会制度。当然，保护情感并不意味着必然徇情枉法或情大于法，儒家孝道还有"义"的原则作为指导，前文已述及。

虽然时代在变迁，社会在发展，道德判断也会因历史原因而有所不同。新文化运动解除了孝道发展过程中的桎梏，"非孝"运动鼓吹父子之间应以人道和人情为原则，但变中有常，孝德的人性根基和情感动因是不变的，所以并不会因社会基础的变化而消失。在社会主义新时期，孝道仍然具有价值和意义，应该在协调好个体和群体关系平衡的基础上重新看待孝道与民主、自由和平等的关系，全面认识差等和平等、权威和自由以及服从与民主在孝道中的体现，不断丰富和发展新孝道，争取更美好的生活。孝道的根基是否能真正确立起来，关键就是站在什么位置来看待中西方文化的冲突问题。

第二节　社会变化对孝道的冲击

一百年翻天覆地的剧变已经深刻改变了中国人的社会生产方式、生活方式和思想文化观念，对孝道的冲击可以说是非常巨大。

一　生产方式的改变

传统的中国社会培育出典型的农业文明，长期以自给自足的小农经济为主体，社会基本结构以家庭为主，家是最小国，国是最大家，家国同构使中国乡土社会形成了特有的血源性结构和文化，并由此生发出乡土伦理规范和礼俗体系。从孝文化的产生过程来看，由于社会基本生产方式变化不大，具有一定的稳定性，因此老年人的知识经验对于青年一代具有重要价值。同时，以小农经济为基础的社会生活相对封闭，人与人之间便于用道德约束，如果一个人不孝敬父母就会被众人指责，社会舆论的压力会有一定作用。与此大为不同的是，现代化的社会生产技术发展日新月异，知识更新非常迅速，在这方面老年人不具备优势。在现代陌生人社会里，道德对人的约束力相对于传统社会变弱了，更趋向于成为自身内在的修养和选择。

（一）对老人的影响

社会上出现了从业年龄的限制，65 岁以上的老人因为买不到劳动保险，即使有劳动能力想发挥余热也很难有机会从事力所能及的工作。老人的经验往往不受尊重，甚至受冷落，被社会遗忘。以前传统农业社会里长辈的生产经验对下一代起着非常重要的指导作用，他们在生活中的智慧也受人尊敬，每个村子里基本都有一些德高望重的老人，他们往往说话最有分量，能解决日常的民事纠纷。但现在老一代的经验和技能跟不上时代的发展变化，知识更新的速度超过了他们的接受能力，在生产领域他们很难有说话的权力，在新兴的行业更很少有老年人的舞台，老一辈一般从事有一定劳动强度的传统行业，行业报酬比较低。经济上的地位低下使他们的说教也难以有令人信服的力量，往往会招致年轻人的不屑。

（二）对年轻人的影响

当今社会对年轻人给予了无限的机会，年轻人自信有创造力，但是也会出现一些问题，诸如容易头脑冲动，任性，狂妄自大，以自我为中心，过度追求个人的自由忽略了相应的责任和义务，不懂得感恩，等等。受西方文化影响，一些年轻人认为一个有活力的社会不应该为了对老年人尽孝牺牲年轻人的自由和权益，因为年轻人是社会发展的动力，真正代表了社会发展的方向。网络上最近流行的《心理学：因为伺候老人而拖垮了自己，值得吗？》一文代表了一些人的典型心态，文中与西方养老模式相比较，反对为了孝而全盘牺牲自己，认为亲情中过度的亲密会造成过度的依赖，即使是小事也会造成很大的心理影响，反而容易使双方的感情出现裂痕，"父母对子女的依赖正在拖垮他们，正在破坏着无数中国家庭"[1]。常言道"久病无孝

---

[1] 《心理学：因为伺候老人而拖垮了自己，值得吗？》，https://baijiahao.baidu.com/s?id=1640656559892452048&wfr=spider&for=pc，2019 年 8 月 1 日。

子",照顾年迈的父母的确比照顾一个婴儿要付出更多的爱心和耐心,既然有血缘亲情的儿女都认为是拖累自己不愿意照顾,那陌生人是否就真的能代替子女尽这份心呢?如果自己的父母都不想照顾,谈何尊重和照顾其他老人呢?我们不反对将老人送进养老院或者找保姆帮助照顾老人,但是如果在这个事情上一味以自我利益为中心,过多考虑自己的感受而不考虑老人的意愿,是不可取的。关于这个问题该怎么解决,孔子早就给过我们回答了——问问你是否心安?做人不能总算利益账,也有良心账、道德账。人们追逐利益大都为了获得快乐,而获得真正的快乐离不开心安理得,离不开内心的充实自足。孝道不是父母要求、不是社会训诫,而是发自内心的对于生命价值和感情价值的尊重和体现。

二 生活方式的改变

生活方式的变化对孝道的影响主要来自家庭基本结构单位的改变和家庭活动交往方式的变化。

(一) 家庭基本结构的改变

家庭可以说也是社会化分工的产物,几十年以来,随着人们物质生活水平的提高,居住环境大大得到改善,个人的独立意识也越来越强烈,家庭因之规模变小。对于传统中国人来说,四世同堂、儿孙绕膝、尽享天伦的大家庭是最理想美满的家庭形态,是很多中国老人毕生奋斗的目标,也是历史上长期存在的最普遍的家庭组成形式。这种家庭结构不仅有利于维护整个社会的稳定,而且有助于维护道德伦理在家庭里的形成。在这样的大家庭里,尊老爱幼,孝道自然养成,兄友弟恭邻里互助,孩子的智商、情商自然养成。最近几十年孝道的式微跟这种社会生活方式的改变不无关系。

从家庭内部来说,独生子女备受疼爱,"6+1"的家庭模式使家长很难避免不娇惯孩子,即使现在放开了二孩政策,孩子在家庭中的中心地位始终未有改变。孩子从小容易养成以自我为中心的心理习惯和思维模式。很多家庭的孩子言谈举止中缺少对长辈的尊重,没有关爱他人的习惯养成。很多父母在孝道教育方面缺少榜样意识,自身行为表现自私自利,自己不孝敬上一代人却希望自己的孩子孝敬自己,这样的父母晚年时在要求孩子孝敬自己时,孩子心中已经积蓄了深厚的负面力量很难践行孝道。另外,很多家长相信所谓"西方的教育理念",希望孩子和家长一样是平等的主体,在家庭里只讲民主不讲差等,对讲究差等和次序的传统孝道非常排斥。在媒体仍不时冒出某些名人说我不要教育我的孩子孝敬我之类的话,对于缺少是非辨析能力的人容易造成认识上的混乱。缺少孝道教育,孩子容易对父母的爱视为理所当然,不懂得感恩和回报。骄纵环境下长大的孩子心理承受能力差,遇到问题和挫折时容易有些极端行为,甚至是自杀。还有很多年轻人放纵自我,肆意挥霍父母的血汗钱,甚至还会有违背道德伦理乃至涉及违法乱纪的行为,严重背离了父母的期望。

从整个社会环境来说,学校学习竞争压力过大,只注重学习成绩,不注重德行培养,教育取向事实上出现严重偏差。很多孩子不会做家务,不会料理自己的日常生活,即使独立成家后自己的生活都很难打理好,很多孩子成为"啃老族",还需要父母照顾他们,就别提照顾父母的晚年生活了,这样如何对父母尽孝呢?对于缺少锻炼和生活磨炼的一代,空讲孝道是没有意义,中国传统文化最重要的是要落实在日常行为中,是要践行的,所以在践行方面需要家庭、学校、社会三者密切配合。

(二) 活动交往方式的改变

个体的人际交往方式都是由生产生活方式决定的。中国传统的生活方式与农业文明密切相关,生产是简单的重复性再生产,日出而作,日落而息,以家族为本位,注重邻里乡亲关系,人们分享着大致相同的文化精神价值追求。达官贵人风光一世最终还要告老还乡,乡村文化是中国传统文化的根基和灵魂归属地。虽然我国现阶段还存在着城乡差别,农村的基本生产方式还是以农耕和农副业生产为主,但

◆◆◆ 下篇 实践传承

也有了一些变化——采用了机械化和半机械化的生产方式，有了更多的雇佣劳动。农村的年轻人大都有过去城市接受教育的经历，农村的青壮年劳动力多数到城市打工或者创业，加之信息化数字化时代的到来，新时代的文化覆盖基本相差不大。虽然传统的生活方式对于农村老年人还有一定影响力，对于农村青年一代而言城乡差别已经不算十分明显了。目前，在生活方式大体上是城市带动乡村，城市的发展改变影响着乡村的发展改变。主要表现在以下几个方面。

其一，陌生人社会。

现在由传统社会的以亲戚邻居交往为主变为亲戚少往来，对门不认识，人与人之间的关系相互疏离，匿名性和流动性强，陌生人社会给我们的生活带来巨大的隔膜感和不信任感。赵安军在《中华传统文化十讲》中提到传统的熟人社会人们可以通过伦理道德来实现日常生活的自律和他律，中国古人以修、齐、治、平不断加强自身道德修养，以光宗耀祖作为人生目标，将五伦关系通过一系列的道德规范加以明确界定，亲亲而尊尊，实现了基本的社会秩序的稳定，再加上社会生产发展缓慢、人口流动性不大等现实客观因素，所以一个人如果没有诚信就很难在传统社会立足。陌生人社会的人际交往大多是在陌生人之间进行的，加上社会流动性强，就会削弱道德上的他律作用，随着商品经济的发展商品交换带来交往的功利性越发凸显，从而造成人与人之间交往虽然频率增加但交往熟识度下降，社会诚信容易缺失。为了应对这一问题，我们学习西方试图建立以法律为基础的社会诚信体系，但目前还需要一个漫长的过程。

可以说，陌生人社会带来的两个影响——不诚信和冷漠对老年人的生活造成了严重影响，社会上所谓老人倒了不敢扶的现象充分说明这一点。年轻人工作往往压力大，迫于种种原因很多子女与父母分离，在我国空巢老人的现象非常严重，老人身边通常缺少子女照顾，由于邻居之间也往来不多，万一有突发事故就很难及时得到妥当处理。尤其是病中老人的日常护理更是难上加难，对于很多为人子女者，留在家里照顾老人则有生计之忧，不亲自照看老人送养老机构也不是理想选择，请保姆照料也很难找到合适的信得过的人。农村老人的养老问题更为突出，除了经济原因外，陌生人社会不再是远亲不如近邻，而是各扫自家门前雪，各家各户都忙着挣钱，邻里守望相助的淳朴民风也日益远去，农村老人的自杀率很高，已经引起了社会的关注。

其二，信息化社会。

当下社会已经进入一个全新的信息化的时代，电子通信和网络已经成为人们学习、生活和工作一个不可分割的重要组成部分，人与人之间的日常交流也随之从面对面的交流转变为使用数字媒体交流日益增多。网络占据着人们的生活，一方面淡化了人与人之间面对面的交往，另一方面加强了人与人之间的联系。尤其是手机逐渐成了大部分人身体的一个重要"器官"，成为时刻难以分离的一个非常重要的工具。几乎所有的人都被这一大潮不可阻挡地席卷而去，它在给我们的生活带来更多的便利的同时，也带来了一些问题。有一幅经典的漫画，子女节假日回去看望病床上的老人，子孙们却都在病床旁盯着手机，老人呆呆地望着他们，表情令人心酸。也有一些子女在为父母尽孝时，想尽办法让老人跟上时代步伐，教他们学会使用手机上网，学会电子支付等适应现代社会的生活方式。但是随之而来也有一些麻烦，没有人照看的老人又往往成为一些违法犯罪分子和行为不端的人瞄准的对象，网络诈骗也将目标锁定了这些老人，这也是需要警惕的。针对这种状况，一方面要增加家人在一起共同活动的时间，共同商量有价值、有意义的活动，另一方面要通过网络加强联系交往。

其三，文化多元化。

随着经济全球化，世界文化多元化已成为一种历史发展过程中不可阻挡的潮流，文化多元化意味着文化在发展过程中有融合也会有冲突，存在着相互渗透、相互对话、相互融合和相互竞争的关系。我们只有正视这种文化冲突，积极吸收和借鉴他种文化的有益成分，才能使本民族文化得以不断更新和发展。西方文化对我们传统孝文化造成的冲击从五四前后直到现在都没有终止过，我们对传统孝文化经历了怀疑、否定到重新认识的过程，目前在与世界文化的相互交流和对话中，需要全面认识中西方不同的养老模式和孝爱文化的优长短弊。孝道对家庭和集体的重视能有效遏制个人主义对家庭和社会的破坏力，我们在重建孝道的过程中需要尤其协调与个人主义的关系。

文化多元化反映在家庭中，青年一代和老年人的文化观念会有很大差异，由此会导致很多矛盾和冲突。除了年迈父母跟出国生活的子女有思想观念的冲突外，那些培养成功在大城市立足的子女跟父母之间也照样有许多矛盾。其中一个典型案例要算网络疯传许多天的《为儿孙站好最后一班岗》[①]，集中反映了随着生活环境的变迁两代人之间思想观念和生活方式之间差异给老年生活带来的影响。

首先，生活环境的变迁让老年人一时难以适应。原以为城市是一个享福的地方，表面上看起来光怪陆离色彩斑斓，却未必是一个最佳的适合人类生活居住的地方。老人进城以后面临着爬不动楼梯，出门找不到厕所，没有朋友熟人，一般比较难以适应新的生活环境，正常的精神需要和心理需要难以满足。不少老太太来城市后有电梯不会使用，下楼不敢下，出去不知道怎么回家的情景。作为已经习惯于城市快节奏生活的儿女很难理解老人的尴尬和艰难。城市只是提供了满足快速生活的种种便利条件，以琳琅满目的商品和服务满足了消费需求，总体上是一种消费文化，追求的是创造更大的价值，与传统注重亲情伦理与贴近自然的传统生活方式有很大区别。

环境决定了人的思想观念和生活方式有很大差别。无论是子辈还是父辈都有新旧两种观念的冲突。

一是经济观念。跟儿女共同生活的成本谁来负担？在父辈看来，

[①] 张子军：《为儿孙站好最后一班岗》，https：//tieba.baidu.com/p/6013587922？red_tag=2823021696，2019年1月21日。

人老了要儿孙照顾，儿女已经成家立业，不能再伸手跟父母要钱，除非他们主动愿意出手相助。但是在儿女看来父母还是自己的父母，没有完全独立意识的子辈还会在生活上经济上完全依赖父母。传统大家庭的经济一体化现象在现今大多数家庭已经不存在，子辈和父辈相对来说都希望保持相对的经济独立。不过，现在城市的"啃老"现象的确很严重，年轻人面临的高房价高生活成本使他们无力完全负担，不得不伸手跟父母要。思想观念的冲突背后有一种潜意识在作为参照，那就是西方式的养育子女的方式，子女成年后作为父母不再负担经济开支。相应地，养老问题也由社会来解决。但是中国大多数的老人为子女付出了毕生的血汗钱，到头来还是愿意跟着子女来生活，由子女来照顾他们的晚年生活。所以，有些年轻人就拿传统观念顺理成章地在经济上不断盘剥老人。

二是照顾孙辈是否是老人的责任问题。老人跟子女共同生活一般要帮助子女照顾孙辈，有老人按照传统观念认为照顾儿孙天经地义、心甘情愿，如果不在子女最需要的时候帮助他们，等自己老了跟子女提出照顾要求时，如果和子女的家庭之间没有感情基础也很难实现。有老人却认为照顾孙辈不是自己的责任和义务，尤其是在生活中有摩擦冲突时，老人会有寄人篱下给儿女当佣人的感受。对于子辈来说，抚养照顾下一代的确是自己的责任，但是由于目前国家的幼托体系和家政服务体系还不够成熟，年轻人无法兼顾工作和照顾年幼子女的事务，没有人会比自己的父母更让自己放心的了，所以不得不辛苦父母。这种观念冲突往往会在老人生活中遇到不顺心的事时集中爆发出来。

其次，两代人之间的生活观念和生活习惯有很大差异。现在的家庭中家庭管理权如何归属不像以前的大家族有明确的规定，分工明确才能各司其职减少彼此之间的矛盾冲突，尤其是几代人一起生活的家庭，如果不能继承传统做法，也没有清楚的现代分工合作，家里就会矛盾纠纷不断。另外老年人照顾孩子也会因教育理念和养育方法的不一致产生矛盾和冲突。有的老年人按照传统的方法带孩子,年轻父母却认可西方的理念,如果双方不能有效沟通,坐下来一起面对问题认真研究,可能就会有伤害两代人情感的事情发生。

  在文化多元化的时代,家庭生活领域丧失了传统礼俗制约,缺少统一的价值观念和行为习惯,又无法用法律规范制约,面临种种矛盾冲突。已经退休了的这一代老人,大都吃苦耐劳、勤俭节约、乐于奉献,还能委屈自己大肚能容,以此维持家庭的和谐幸福。等西方个人主义观念影响下的青年一代老去的时候家庭可能面临着更大的问题:老人谁来照顾?年幼的谁来照料?恐怕养老和养小的现实困难会直接影响到人口出生率,我们的国家也可能出现西方国家的人口负增长和人口危机。如果能用孝道妥善解决好家庭里的养老问题,从长远来看的确是关系到国计民生的大问题。如果青年一代能多尊重理解老年人,让老年人安度晚年,老年人利用余热发挥价值照顾年幼一代,不管是国家还是个人都大大节省了费用投入以及管理成本,而且会使老年人在得到照料的同时获得精神上的满足。因此,借鉴传统孝道进行新时代的家道研究势在必行。要针对不同年龄人的共同心理需求研究能达到彼此相容的共同遵守的规则,借鉴传统文化和西方文化中有利于社会和人的共同发展的措施,积极建设新风俗新礼法,使人们的行为在日常生活中自然而然有所依止,以求达到家庭成员间最低限度的容忍和合作,这是任何人类群体得以生存的基本保障。

第三节 探索新时代的新孝道

  通过以上论述可以得出结论:孝道作为中国传统文化的根本特征不仅在中国传统历史上发挥了重要作用,在社会生产和生活方式已经发生了很大变化的现代社会,孝道因其深刻的人性基础和情感基础,不会随着物质形态的改变和思想观念的变化而消亡,它依然会根植于我们中华民族的灵魂深处,并以与现代社会相适应的面目展现出新的价值光芒。新孝道体现在国家管理和制度层面，在当代社会与现代国家管理理念与制度进行恰当转化与对接，使老年人能在物质和精神的双重保障下幸福安度晚年；体现在老百姓日常生活层面，让新孝道得到落实和体现；体现在思想研究层面，积极与西方文化进行对话交流，对传统孝道进行创造性转化和创新性发展。因此，我们所要继承和发扬的是新孝道，不是照搬照抄传统孝道走复古的路子，是在新的社会条件下发展传统孝道思想的精华，能够结合现代社会理念适应现代社会发展并弥补现代社会的不足的全新的孝道。总的来说，新孝道就是以现代社会为社会基础，以传统孝道为人性和情感基础，与社会主义核心价值观的融合作为理论基础，以和谐社会和全面发展的人作为最终目标，并能在现实实践中得到有效落实的社会主义新人伦规范。

一 新孝道的社会基础

新孝道是建立在现代化社会化大生产的社会基础上，传统的小农经济依然在部分地区存在但不是主流，现代社会人与人之间生产、生活资料的相互依赖程度、社会的公共化程度在不断提高。但现代社会也存在一些弊端。在现代城市中的人彼此之间相互陌生，缺少人情，人与人之间感情淡漠，更缺少统一的价值观念、思维模式和行为习惯，个体之间彼此疏离，缺少对他人的关爱，往往只在乎自身的感受和行为。注重个人，不注重集体，过度追求物质享受，缺少精神观照。市场经济条件下，完整的个体的人转变为抽象的利益的人，人们往往只趋利避害，于是，"精神"向"理性"退化，"整体"向"个体"裂变，人们对于道德的追求不断降格为对底线的严防死守。

孝道对于现代社会的意义和价值正是能够在一定程度上弥补现代病。孝道是一种从家庭开始的培养德行的实践活动，受到良好孝道教育的孩子，从小心中有他人而不是处处事事在乎自己的感受只会为自己打算，懂得尊敬人，热爱人，照顾别人，知道感恩，有家庭整体观念。侍父母"色难",如果能注意善待父母控制住好情绪,等于是自幼就接受了培养高情商高智商的训练,而且是发自内心的真情实感,这种孩子从小在家庭中训练养成了一种整体的思维模式,一般不会孤立地片面地看问题,长大到了社会自然就比较容易跟人相处,遇到困难挫折时的抗压能力也比较强。如果将这种对待亲人的负责认真的态度推而广之,具备孝心的人对社会和集体具有较强的责任感,对天地万物都包藏着广泛的同情,面对生态危机和自然环境的破坏,有一种深切的忧患意识,有造福千秋的长远眼光,而不是只图一时眼前利益趋势去破坏人类生存的大环境。

现代社会如果真的是一种社会进步,那就不应该仅仅是物质上的进步,而应该是全方位的从物质到社会管理到人的精神境界的全面提升。党中央早就意识到了现代社会的发展问题,把社会发展目标定位为追求更美好的生活。我们现代性不应该一味排斥传统,到了一定阶段后应该寻求与传统的融合。孝道在新时代的新发展,从道德教化上来说有助于培养公民的德行;从政治价值上来说有助于培养爱国主义思想,有助于维护安定团结,有助于促进祖国的强大统一;从现实价值上来说有利于解决现阶段老年社会严峻的养老问题,从而有效地安定民心。

二 新孝道的理论基础

前文已论及孝道的产生有其自然基础与人性基础,同时也符合现代西方心理学的理论。根据马斯洛人的需要层次理论,人首先需要满足的是生理需求,接下去是追求安全的心理需求,再往上精神性需要越来越高:爱和归属感、自尊以及得到别人的尊重,最后达到自我实现的最高层次的需要。就孝道而言,正是通过家庭和社会之间的紧密连接,在日常生活中使人的心理需要得到实现和满足:家庭中对老人的物质赡养,满足人基本的生理需求和安全需求;对长辈的尊敬,满足心理上对爱和尊重的需求;扬名于后世,忠孝合一,全面实现自身价值，是对孝的内涵的进一步扩充，使生命价值和社会价值都得到了充分体现。死后祭祀，是在近似宗教层面完成现实超越性，达到终极意义的追求。孝道具备深厚的人性基础和情感基础，正是在伦常日用中体道、行道的过程，符合现代科学的基本规律，不仅仅属于过去的封建时代，也将永远属于千秋万代的华夏子孙。

然而，有不少论者忽视了孝道内部的人性与情感根基，单从外部社会基础决定论上作简单的划分，只注意到了时代发展所造成的差别（包括孝道的极端化和异化），忽略了其内部一以贯之的根本精神特性。比如，有人将长幼尊卑有别的权威性行孝和全面性行孝作为传统孝道的特征，而在社会转型期无论是从经济基础、政治基础、时空基础、文化基础还是智识基础来看都大有不同，所以有孝道的式微论、韧性论和转型论等。[①] 我们今天要创造性地继承发扬传统文化，就是要去除孝文化那些非本质的历史性的表现，紧紧把握这些超越时代的深层精神内核，结合具体的外部环境和时代特点，使传统孝道的精华在新时代焕发出异彩。

社会主义核心价值观是统筹了国家、集体、个人三个方面的价值要求，就人的发展和社会的发展的总趋势给予的回应，既继承了传统文化的精髓，也吸收了世界文明的精华，对我们推进社会主义建设事业有着重要的指导意义，是我们社会主义文化的核心。因此，新孝道的丰富发展，就需要对话社会主义核心价值观，将传统孝道中与现代社会相应的思想突出强化，并在新的社会条件下得到体现落实。

（一）"富强、民主、文明、和谐"，是我国社会主义现代化国家的建设目标，也是新孝道的终极目标

首先说富强与孝养。古代有"父母在，不择官而仕"的遗训，强调子女要为了养父母而努力工作。国家的富强大大提高了公民的福利

---

① 田北海、马艳茹：《中国传统孝道的变迁与转型期新孝道的建构》，《学习与实践》2019年第10期。

待遇，从社会医疗保险到退休养老金，大大减轻了子女的经济负担，使他们能更好地从事自己的工作。到了现代，随着人民物质文化生活水平的提高，养老方式也变得多种多样，除了家庭负担养老的责任外，社会化养老，尤其是社区养老和医养结合的养老方式受到普遍欢迎。

其次说民主与孝顺。从儒家经典来看，中国传统的孝道并不是强调子辈一味地服从父辈，从《论语》和《孝经》中一直贯穿着"义"的标准，当父陷于不义时"子不可不谏于父"，这其中就蕴含的民主精神。然而由于历史上的孝道过于强调了子辈义务、压制子辈，以至于很多人将传统孝道的特点误认为是权威性行孝，忽略了背后的情感动力才是根源。然而到了当代，父辈过多的施与、子辈义务的淡化，在家庭中往往是父母跟着孩子转，完全服从和服务于孩子，严重影响了代际和谐，使孝文化发生了巨大的翻转。一般来讲，在现代家庭要实行民主，尊重孩子也尊重老人的看法，依理而行，达到情与理的统一是非常重要的。

最后，文明和谐是孝的终极目标。《孝经》开篇就明确提出孝道是"至德要道，民用和睦，上下无怨"，孝是身心和谐、家庭和谐、社会和谐、人与自然和谐的重要法宝。新孝道的发展目标是和谐社会与全面发展的人，这就需要平衡好代际关系。本来老人在群体中随着体力能力的衰弱处于劣势，孝使年迈的人的弱势地位得到保证又不断强化，甚至超越了其他家庭角色的权力和地位，成了家庭的中心。孝，在历史上一度促使了父权的扩大与转移，本来父子关系中权利和义务是双向的，父慈子孝，孝占统治地位以后，父权强化凌驾于一切之上，为了行孝甚至对儿子妻子有生命处置的权力。父权与君权、夫权集合为一体，构成了子辈和女子无法逾越的极权大山。今天在我们看来有点难以接受，每个家庭成员都是平等的，个体生命无论在哪一个年龄段在人权上都是平等的，家庭的和谐不是以牺牲一部分人的权力和利益来保全另一部分人的权力和利益，而应该是所有人的权力和利益都能够得到保障的。同样，在今天的家庭中既不能因为照顾老人放弃对孩子的责任，也不能因为过度重视孩子而忽视老人的照料，家庭的和谐幸福是处理代际关系时首要的价值目标。

当然，这可以从社会生产不发达的原因来解释历史上孝不得已作出的偏重，但有意思的是西方采用了重视年轻人的策略，中国采取的是重视老年人的策略。今天随着生产力得到了前所未有的大发展，已经具备了保障每个家庭成员充分权益的可能，但是如何使家庭内部和谐从而使整个社会和谐却是另一个时代命题。这就需要从整体来看，在尊重并保证每一个角色成员的自然属性的情况下，使每个生命得到最大限度的尊重和最充分最有效的安顿。人人老其老，幼其幼，长其长，使老有所依，幼有所养。

（二）"自由、平等、公正、法治"，是对美好社会的生动表述，也是新孝道实现的基本社会保障

首先来看自由与权威的关系。孔子说"三年无改于父之道，可谓孝矣"（《论语·学而》），这句话不是说唯父母是从，孔子从来没有说让子女绝对顺从父母，而是主张子女向父母学习，学习父母的优良传统和作风，继承家族的优秀家风。尤其是孩子小的时候，无论是知识的学习还是做人做事，都需要父母悉心指教反复矫正才会少犯错误。但是随着孩子年龄的增长，就要给他们实践锻炼的机会，给他们一定的自由，过度的干预就容易束缚孩子的天性。现代一些家庭的父母打着爱的旗号对孩子不放心试图控制孩子，把孩子看成自己的私有财产，为孩子精心设计细致入微的人生，比如有个"父母皆祸害"的论坛就是在批判父母对孩子的强迫和控制对孩子造成的伤害。所有的父母都希望孩子有个好的未来，但这些父母不懂得对孩子真正的爱就是学会放手，对孩子所有的教育就是为了与父母分离后孩子能独自好好生活下去，在孩子青春期和成年时期不懂得尊重和放低自己的姿态对孩子的成长是非常不利的。我们不能把孩子与父母的关系看成自由与权威的绝对对立关系，但这里面是一个渐变的过程：自由逐渐扩

大、权威逐渐减少,这样才真正符合自然之道。这个过程在中国不像西方那样截然分明,孩子18岁以后就让他们独立,这样有利于孩子发挥自由的创造力,但是社会要承受年轻冲动不成熟带来的不良后果。父母发挥过久的过度的权威不利于孩子的成熟,给孩子过早的过度的自由对孩子也未必是一件好事,明白自由和权威二者之间的关系才能更好地综合中西方文化的长处。

再看平等公正与敦伦尽分的关系。儒家讲究"君君臣臣父父子子",要求每个人都尽好自己的本分和职责,就孝道而言,虽然讲究慈孝对等,但偏重于强调子辈的责任和义务,容易给人造成不平等的印象,因而也备受攻击。西方的亲子关系是平等之爱,中国传统孝道讲究差等之爱。幼年子女听从父母,年老父母依靠子女。平等是让每个个体都得到充分的照料,差等是自然顺序的转换,这是不能以代际利益为代价的。表面上看,儒家将爱分三等——"爱亲""泛爱众""爱天下",在很多人看来,这实际等于在提倡有差等地爱人,爱人要分亲疏远近,并不像西方基督教传统要求的那样平等地爱一切人。亲亲、尊尊和贤贤等差等思想在近现代被严重"妖魔化"了,其根源是简单平等主义——用平等的单一标准来衡量人与人之间的关系,否认人与人之间的关系还有其他的可能性,视平等为解答人与人之间关系的唯一标准答案,认为平等可以解决人类社会中各种关系问题,不接受任何社会角色之间的不平等关系。于是"人人平等"具有无上的宰制力,凡是平等的就被认定是好的,应该拥护;凡是不平等的就被认为是不好的,应该反对,忽略了像家庭这样的私人领域中平等的有效性。所以,儒家的差等观不能被简单否定或者肯定,需要全面辩证地仔细考量。差等仅仅是儒家遵从自然现实所呈现的表层形式结构,深层结构为"仁"前平等、阴阳变化和天人合一。

孝道的思想根基不是绝对的简单的平等,而是既有差等又有平等,因为孝道思想是无法取消其差等性本质,正是差等和平等融合性统一,二者是最高价值"和"的体现。作为最高价值追求的人道并不能以牺牲一部分人来成全另一部分人，牺牲子辈的幸福为代价的绝对的父辈权威是不合道的，不管是天道、地道和人道所要达到的最高价值目标是平等与差等互融基础上的和谐，是在社会整体上每一个人的幸福得到最大的实现，这才是尽人之性，尽物之性，赞天地之化育，与天地同参。从生命链的发展过程来说，孝敬父母是在给儿孙做榜样，等到自己老时也自然会受到儿孙的善待，这岂不是最大的生命权的平等！

最后看法制与人情的关系。孝道注重父母和子女之间的感情，在从家庭领域向公共领域延伸的过程中，家庭领域的私情和公共领域的公德在具体情境下时有相互冲突的情况发生，站在维护社会公德的立场来看家庭孝道不免有非议。情与义在中国传统人伦中占有非常重要的地位，中国人通常用中庸之道来看待和处理这些问题，要求做事力求达到有情有义、合情合理的标准才算是比较合适的度，孝道亦建立在这样的理论基础之上。

情感在孝道中具体表现为融于生命与生命共始终的尽心事亲行为，情感容易受到私欲的干扰，难免呈现种种复杂状况，出现一些不当的孝亲行为，所以要防止私欲破坏情感，要防止责善伤害情感。孝出自感情，感情要由"义"作指引，"义"要有感情做基础。"情"与"义"多数情况下能一致，但有时"情"与"义"难免会有冲突，典型的类似亲亲相隐的问题。公共领域事务应按照公义原则来处理，家庭领域事务则应按照亲情原则来处理，如果二者还有冲突，则采取适当回避的原则来处理。每个公民都应该自觉维护社会公德和社会正义，划分好私人生活领域和公共生活领域，二者不能相互僭越、相互妨碍。

在现代家庭中父母为子女付出太多，子女缺少为父母付出的行为养成，与父母的情感互动需要加强。在家庭中培养孝道感情，在学校要培养孝道知性，孝道教育中要共同遵守"义"的准则。同时为了保证现代社会公共生活领域不受私人领域的干扰，需要在"义"的方面加强对情的矫正。

（三）"爱国、敬业、诚信、友善"，是公民基本道德规范，是新孝道在个人行为层面的具体体现

从某种程度上来，爱国敬业就是传统孝道"移孝作忠"在新时代谱写的忠孝新篇章。儒家的思想体系里孝为亲亲之爱，虽然与政治统治上的尊尊具有一定关联，但有"义"为原则和底线，使儒家始终高扬着独立的精神价值和追求。忠孝关系的发展演变与思想家的注疏阐释推动有关，更与社会文化结构的变化有直接关系，移孝作忠、模糊忠孝之别是大一统政权高度集中后的产物，在这个过程中"义"的原则被逐渐淡化甚至被忽略，集权统治之下的家国一体、忠孝不分实际是对人个体情感和生活领域的侵占，也对整个社会造成了深重的灾难，所以在五四前后遭到了激烈批判。

在现代性视域下，孝是家庭内的私人情感和道德，忠是对社会公共事务的态度。现代性意味着公共性，现在连家庭养老在很大程度上都依赖于社会化养老。家庭生活公共性程度日益提高，家与国之间的距离越来越小。家庭中的人同时也是集体组织的成员，每个社会成员之间相互联系相依共生形成了命运共同体。就当下的中国来说，人民当家做主取代了极权统治，社会结构和组织方式发生了根本改变，孝与忠的对象分别指向了家庭和集体组织，孝依然是父与子之间的关系范畴，忠过去是君与臣之间的德目，忠在新的时代环境下衍生出下级对上级、个人对集体和国家尽职尽责的新内涵。传统的移孝作忠是将对父母的情感移植到对君王的绝对服从上，现代的移孝作忠本质上是从对自己亲人之爱到对集体之爱的推衍——忠于国家，忠于人民，忠于职守，诚实守信，待人友善，真正达到"老吾老以及人之老"。

三　新孝道的具体落实

新孝道不是理论上的高谈阔论，而更应该注重在家庭日常生活细节处的践行。不同的家庭状况可以采用不同的尽孝方式，论心不论

迹，孝心的表达要更灵活多样。孝敬父母也是需要智慧的，一定要避免统一标准一刀切，社会可以提倡引导，用一些典型事例通过宣传报道来使人们的行为有所依止。但就目前孝道践行状况来看，取得了一些前所未有的成绩，也还面临着一些现实困难需要从实处得到落实。具体地说有以下几个方面：

（一）从住房问题入手

现在很多空巢家庭，养老问题无法得到有效解决。他们面临的问题是：城市房价高，养老成本太高，居住环境不合理，跟城市工作的子女住在一套房内彼此感觉不舒服，即使到城市租房子跟子女住一起也得不到经常性照料。

城市的设计理念基本只考虑的年轻人集约化的生活要求，而没有顾及老人的实际需求，老人渴望能与儿女住在一起，儿女也希望能为父母尽孝，但是城市不合理的居住条件会让挤在一起的家人产生非常多的矛盾和摩擦，彼此都不舒服。一是人与人之间需要一定的空间间隔，如同以前家族聚居，但是有不同的院落，彼此之间的空间间隔使人的心理有了自由表达与充分释放的空间。人与人之间的密切关系需要保持一定的距离，不是任何人之间都可以做到亲密无间，即使是夫妻之间都需要保持各自独立的生活空间，何况两代人之间？但是目前的房屋设计上，一套二居室、三居室甚至四居室的房子跟一间房子没有什么差别，基本上没有自己的隐私可言，狭小的空间增加了人与人之间彼此冲撞的概率。再加上现代人彼此之间生活理念相差太大，思想多元化的时代无论老人还是年轻人都希望个性能得到自由释放，彼此很少愿意包容迁就，久而久之会造成看待问题处理事情上的分歧，从而导致情感上的隔阂。这是很多有同住愿望的家庭最后不欢而散的原因。

针对这种情况，真正落实孝道，还要降低房价，能让老人和子女住对门或楼上楼下是最合理的选择，一方面能保证老人生活及时获得照料，另一方面彼此能保持自己的生活空间。另外，社区配套设施里要有适合老人的生活必需品,能让他们坚持日常的身体锻炼,有共同的休闲娱乐设施和场地,有家庭问题专门的疏导调解人员。这样才能真正保证老人的生活质量,当然这显然不是单靠个别家庭就能解决的问题,只有达成了一定的社会共识,社会各个部门一起努力解决才会有成效。如果连基本的生活条件都保证不了,即使有孝心,也很难长久。

(二)从照料问题深入

传统社会里,男主外女主内,照料老人的工作基本上由媳妇来完成,所以以前孝不孝主要看媳妇。现在大多数女性与男性一样需要外出工作,甚至与男性竞争,工作的压力加上还要承担大部分的家务劳动,孝养老人的事情全部让媳妇承担显然不合情理,很多进城的老人思想无法扭转,盯着媳妇,眼里很容易挑剔媳妇的不是。这种长期以来生活习惯形成的思维定式一时难以改变,也会造成很多家庭矛盾冲突。

比较现实的问题是,年轻夫妻面临生活的压力都要外出上班,谁来照料年迈的没有生活能力的老人?现在的家政市场比较混乱,无数事实证明找保姆基本上不是最佳选择。如果社会不出台相应的配套政策和措施,比如家里老人卧病在床时允许较长时间的休假照料,即使我们有孝心都很难得到落实。因此,由政府组建长期稳定的家庭照料服务体系是非常有必要的,而且也是非常迫切的。相对于日本的高成本社会化养老,如果我国政府能够提倡并促使"依居"工程得到落实,老人既能得到家庭的温暖,又能减缓社会养老的财政压力,也有助于儿女尽孝,发扬传统美德。

(三)充分发挥社区养老

很多老人都愿意在家养老,养老院是很多老人不情愿但不得已的选择。如果发挥社区养老的功能,就能有效解决这一问题。首先,要发挥党的社会基层组织在社区的领导作用,开展形式多样的敬老活动。可以集中搞一些社区活动,让长辈自己去讲讲孩子是如何孝敬自己的，评选孝亲模范，评选优秀婆婆、优秀丈母娘，让她们现身说法，传授处理家庭关系的秘诀，并在一些方面给予便利。同时也要加强老人的心理疏导，提倡他们理解支持儿女，尤其对女婿和媳妇要讲究一定的处理问题的方法。其次，要在社区创建良好的孝文化氛围。在居住环境里制造一种潜移默化的氛围，润物细无声。生活在孝道文化的包围圈里，扬善抑恶，使不孝言论和行为不能传播开来。再者，加强居民的学习和教育。一个和谐的家庭，每个人都是需要教育的，特别是文化断层这几年，家庭单位的缩小，邻里之间的不往来，几乎每种家庭角色如何扮演好的问题都失去了历史的传承，缺少现实的可资借鉴的成功经验和依据，结果人情也越来越淡漠。但是人的教育不是耳提面命式的，说教式的，不是形式化的，要让人从内心醒悟并真正自己去改变才是教育的正确途径和目标。人性都有善良美好的一面，在孝道教育方面，就要善于激励他们向善的一面，激励他们自我改变。放下恩怨，放下是非，打开我的心胸接纳你，从今天开始善待你，用我的改变带动你的改变，而不是要你改变。

（四）乡村孝道的实现途径

农村老人很多儿女需要外出打工，留下孤苦伶仃的老人没人照料。农村娶媳妇难，一般农村娶媳妇都要在城里给年轻人买房，经济上严重剥夺了老人。老人生活能自理时还好，老人生活不能自理时一般也很难得到应有的照料。通常一个生病时，老夫妻中另一个照料对方，一旦其中一个下世，另一个的生活就很悲惨了，要么继续独自生活，要么就看儿女的孝心了。有些年轻人没有稳定的职业，自己的生活尚且成问题，何谈照顾老人？所以，农村养老最大的问题是，一是没有钱，没有城市老人足够的养老金，医疗保险报销比例也比较低。二是没有可以依赖的社会服务体系，除了依靠子女没有别的选择。

就目前的民间探索来讲，要唤起农村人的孝心来解决农村人的养老问题，关键是要恢复家庭养老的功能，方法就是建设孝心示范村。建设孝心示范村的具体做法：一是要有仪式感。要求村民宣誓——有钱紧着父母花，好饭紧着父母吃，好衣紧着父母穿，好房紧着父母住，好景紧着父母看。通过这种简单的富有时代感的方式影响乡亲们，以便于形成良好的社会风气。二是要开展集体活动。在孝文化示范村每个月开展一个孝文化节，在固定的一天给老人包包饺子，唱唱歌。还经常在固定的时间举办幸福大讲堂，把单个家庭、不完整的家庭聚在一起变成一个大家庭。再通过一些集体活动，比如捡捡垃圾、清扫大街等，真正让每一个村民感受到孝文化给人带来的幸福。通过孝心村的建设能明显改善乡村治理，要想使这一活动能够持久地进行，根本问题就是用孝文化加党建，通过学习国学让基层党组织更加强大，让党员起到先锋带头作用。

针对农村老人子女在外缺少照料的问题，集体互助养老的模式逐渐在探索中不断完善。由基层村委会负责，在村子里选择一个合适的场所，将没人照料的老人接过去，有专人给他们做饭洗衣服，提供各种生活服务，老人子女付出较低的费用就可以解决老人的照料问题，也可以解决农村富余劳动力的就业问题。

（五）探索现代化养老手段

随着现代生活的发展变化，更丰富多彩、更人性化、更现代化的养老方式逐渐兴起。

一是医养结合。医养结合是一种新兴的养老模式，针对那些选择居家、社区、机构养老的老年人，除了照料基本生活的同时，还提供医疗卫生方面的服务。开展医养结合养老服务的主体可以是与医疗机构开展合作的养老院、福利院，也可以是专门设有老年病科的医疗机构，也可以是医疗机构分设、下属的养老服务单位。现在已经有不少养老院实现了医疗和养老的结合，医院开进养老院，有病治病，无病疗养，小病不出养老院，大病直接进医院，有些医院直接设置养老机构，还有的医院与社区开展合作。这一模式能有效地将现代医疗服务技术与养老保障模式结合起来，从而避免老年人生病时行动不便还要奔走于医院、家庭和康复机构之间费尽周折，因此受到了很多人的好评，在全国范围内逐渐升温。

二是养老平台。由于网络对我们的生活影响巨大，国家能利用好就能有效解决社会化养老问题。国家发改委、民政部在《"十一五"社区服务体系发展规划》和十部委联合颁布的《关于全面推进居家养老服务工作的意见》中指出"以信息服务网络整合建设为依托，推进社区服务信息化"的工作。政府已经开始在市民服务平台的基础上试点搭建居家养老信息化服务平台，通过线上线下相结合的方式有效提升居家养老服务水平和质量。居家养老信息化服务平台由两大部分组成：PC端管理平台和手机端App，由政府监管包括运营管理、服务中心、健康专家、服务商、用户中心等子系统。子系统可以通过手机端下单订购服务和评价，实现精准的定位服务。目前，这种云运营方式正在整合能为老人提供服务的餐饮企业、家政服务企业、养老护理企业、营养咨询机构、医院等社会资源，力争构建完整的居家养老服务体系，为老人全方位的居家养老服务。

除此之外，有些商业机构还开发出了养老服务信息化平台。这些软件利用网络力图整合公共服务资源以及社会服务资源，满足老年客户的各种养老需求，解决了子女无法在老人身边照顾，老人又不情愿去养老院的问题，通过这些应用软件能够实现居家智能养老。使用者的子女不管身处何地只要在手机上轻轻一点，都能实时查询并监测父母的身体健康状况，老人独自在家时使用一键呼叫就能在第一时间获得紧急救援。这些软件的功能很像一所"养老院"，涉及日常生活照料、医疗康复、精神娱乐、养老咨询等类别，几乎整合了各种市场化养老服务，可以为老人提供餐饮配送、健康理疗、上门理发等各种细致服务，他们的子女也可以通过平台方便及时地进行"远程尽孝"。但是这些养老服务信息平台也是在实践应用中不断改进的，虽然处于起步阶段，但"智慧养老体系"便捷、周到、人性化的服务，是未来社会养老的一个发展方向。

三是文化养老。在文化多元化的时代尤其要关注老年人的精神生活，积极推进文化养老工作，由家庭、社会和政府向老人提供丰富多彩的、有益于身心健康的精神文化活动，切实提高老年人的生活品质，使他们安享晚年。目前，文化养老实践中存在一些问题和困境，主要是养老资源投入不足，缺少老人日常活动的老年活动中心和老年大学等公共设施，文化养老产品的内容单一，大多是唱歌、跳舞、下棋等，对于书法、绘画等相对高雅而专业的需求不太容易满足，文化养老方面的专业人才也是非常匮乏的，无法有针对性地开展文化养老活动。因此，需要广泛动员政府、民间团体、社会组织，社区以及家庭等多方面主体积极参与全方位的社区文化养老体系，争取做到不仅老有所养、老有所依，还能老有所学、老有所乐、老有所安。为人子女者要注意到当前文化背景下老人的这一需求，在切实提高自家老人的精神文化需求的同时，积极推进整个社会文化养老的建设工作，为老人营造一个积极、健康、向上的社会文化氛围。

总之，随着时代的发展，养老的方式会多种多样，并且越来越现代化，但是对于儿女尽孝，最根本的一条是子女和父母感情上的联结。我们最不希望看到的是，老人的生活得到了安顿，与儿女的空间距离和心理距离却越来越远。

参考文献

一 古籍文献

（汉）孔安国传，（唐）孔颖达疏，黄怀信整理：《尚书正义》，《十三经注疏》，上海古籍出版社2011年版。

（汉）孔安国：《古文孝经》，《知不足斋丛书》本。

（汉）郑玄注，（唐）孔颖达疏：《仪礼注疏》，《十三经注疏》，台北艺文印书馆2007年版。

（唐）李隆基注，（宋）邢昺疏：《孝经注疏》，《十三经注疏》，上海古籍出版社2009年版。

（宋）程颢、程颐：《二程集·河南程氏遗书》，中华书局1981年版。

（宋）黎靖德：《朱子语类》卷56，朱杰人等主编《朱子全书（15）》，上海古籍出版社、安徽教育出版社2010年版。

（宋）黎靖德：《朱子语类》（四），中华书局1986年版。

（宋）钱时：《融堂四书管见》，《古文孝经》，文渊阁四库全书本。

（宋）杨简：《慈湖遗书》（续集），《四明丛书》本。

（宋）朱熹：《四书章句集注》，中华书局2011年版。

（元）高明著，钱南扬校注：《元本琵琶记校注》，中华书局2009年版。

（明）王守仁：《王阳明全集》，吴光等编校，上海古籍出版社2011年版。

（明）湛若水：《格物通》，文渊阁四库全书本。

（清）戴震：《孟子字义疏证》，中华书局1982年版。
（清）焦循：《孟子正义》，中华书局1987年版。
（清）皮锡瑞撰，吴仰湘点校：《孝经郑注疏》，中华书局2016年版。
（清）阮元校刻：《十三经注疏·礼记正义》，中华书局1980年版。
（清）谭嗣同：《仁学》，中州古籍出版社1998年版。
（清）王先谦：《荀子集解》，中华书局2012年版。
（清）张之洞：《劝学篇》，中州古籍出版社1998年版。

二　中文著作

陈独秀：《陈独秀文章选编》，生活·读书·新知三联书店1984年版。
陈独秀：《独秀文存》，安徽人民出版社1987年版。
陈铁凡：《孝经郑注校证》，"国立"编译馆1987年版。
陈宪章等：《常香玉演出本精选集》，河南人民出版社1993年版。
程树德：《论语集释》，中华书局2013年版。
冯友兰：《冯友兰文集第六卷·中国哲学简史》，长春出版社2008年版。
管燕草编：《淮剧小戏考》，上海文化出版社2008年版。
郭沫若：《中国古代社会研究》，人民出版社1954年版。
贺麟：《文化与人生》，商务印书馆1988年版。
胡平生：《孝经译注》，中华书局1996年版。
黄婉峰：《汉代孝子图与孝道观念》，中华书局2012年版。
黄玉顺：《爱与思——生活儒学的观念》，四川大学出版社2006年版。
剧本月刊社编辑：《琵琶记讨论专刊》，人民文学出版社1956年版。
李大钊：《李大钊选集》，人民出版社1959年版。
黎红雷：《儒家管理哲学》，广东教育出版社1993年版。
刘梦溪主编：《中国现代学术经典·陈寅恪卷》，河北人民出版社2002年版。
蒙培元：《情感与理智》，中国人民大学出版社2009年版。

孟宪承等：《中国古代教育史资料》，人民教育出版社1985年版。

孙秋潮执笔：《墙头记》，山东人民出版社1961年版。

王海明：《伦理学与人生》，复旦大学出版社2009年版。

王颖：《荀子伦理思想研究》，黑龙江人民出版社2006年版。

韦政通：《荀子与古代哲学》，台北：商务印书馆1997年版。

吴虞：《吴虞集》，四川人民出版社1985年版。

徐复观著，李维武编：《徐复观文集》，湖北人民出版社2002年版。

徐复观：《中国思想史论集》，九州出版社2014年版。

徐复观：《中国思想史论集》，上海书店出版社2004年版。

徐建平：《敦煌经部文献合集》（群经类孝经之属），中华书局2008年版。

杨伯峻：《论语译注》，中华书局1958年版。

叶飞：《现代性视域下的儒家教育》，北京师范大学出版社2011年版。

张祥龙：《家与孝：从中西间视野看》，生活·读书·新知三联书店2017年版。

《中国古典戏曲论著集成》（第三册），中国戏剧出版社1959年版。

中国戏剧家协会编：《周信芳演出剧本选集》，艺术出版社1955年版。

中国戏曲研究院编：《中国古典戏曲论著集成》（八），中国戏剧出版社1959年版。

周信芳口述，卫明、吕仲记录：《周信芳舞台艺术》，中国戏剧出版社1961年版。

朱翔非：《新孝道》，京华出版社2011年版。

［法］孟德斯鸠：《论法的精神》（下册），张雁深译，商务印书馆1963年版。

［意］利玛窦、金尼阁：《利玛窦中国札记》，何高济、王遵仲、李申译，中华书局1983年版。

［英］贡布里希：《艺术发展史》，范景中译，天津人民美术出版社1998年版。

三　期刊论文

安乐哲、罗思文：《〈论语〉的"孝"：儒家角色伦理与代际传递之动力》，《华中师范大学学报》（人文社会科学版）2013年第5期。

蔡杰：《"移孝作忠"的概念申说——以〈孝经〉诠释史为中心》，《湖北工程学院学报》2018年第4期。

陈璧生：《古典政教中的"忠"与"孝"——以〈孝经〉为中心》，《中山大学学报》（社会科学版）2015年第3期。

陈锐：《论孟子的仁义概念及亲亲相隐问题》，《杭州师范大学学报》（社会科学版）2017年第2期。

崔朝辅：《孟子"孝"论》，《廊坊师范学院学报》2015年第3期。

丁欣雨：《新时代榜样教育的价值选择与实践路径分析》，《高教学刊》2018年第12期。

龚培：《〈周易〉本体论中的和谐精神》，《湖北大学学报》（哲学社会科学版）2010年第2期。

康学伟：《论〈孝经〉孝道思想的理论构建源于〈周易〉》，《社会科学战线》2010年第3期。

柯小刚：《当代社会的儒学教育——以国学热和读经运动为反思案例》，《湖南师范大学教育科学学报》2016年第4期。

李承贵：《儒家榜样教化论及其当代省察——以先秦儒家为中心》，《齐鲁学刊》2014年第4期。

李树军：《从"二十四孝"看传统中国社会的人伦关系》，《山东社会科学》1989年第1期。

李彦春：《一份令人心痛的农村孝道缺失调查》，《百姓生活》2009年第12期。

梁宗华：《论荀子孝道观——以〈子道〉篇为中心》，《东岳论丛》2014年第12期。

刘忠世：《"二十四孝"中的社会交换与传统孝道》，《齐鲁学刊》

2011 年第 2 期。

鲁成波：《中国古代榜样教育体系的三维构建》，《齐鲁学刊》2014 年第 4 期。

鲁洪生：《论商周文化对〈周易〉的影响》，《学术论坛》2011 年第 4 期。

鲁旭：《从〈家人〉卦看〈周易〉的正家之道》，《牡丹江大学学报》2011 年第 11 期。

鲁迅：《我们怎样做父亲》，《新青年》1919 年 11 月第 6 卷第 6 号。

路德斌：《荀子人性论之形上学义蕴——荀、孟人性论关系之我见》，《中国哲学史》2003 年第 4 期。

毛新青：《荀子"情义"观探析》，《管子学刊》2011 年第 2 期。

任现品：《家族一元体内的男尊女卑——论儒家性别差等结构的层次机制》，《孔子研究》2019 年第 2 期。

尚荣、陆杰峰：《孝何以为道——以〈论语〉"无改于父之道"章为中心》，《伦理学研究》2018 年第 6 期。

邵显侠：《论孟子的道德情感主义》，《中国哲学史》2012 年第 4 期。

孙尚诚：《儒家差等之爱对现代平等社会的积极意义》，《孔子研究》2017 年第 3 期。

田北海、马艳茹：《中国传统孝道的变迁与转型期新孝道的建构》，《学习与实践》2019 年第 10 期。

田探：《孟子"从兄"说义理发微》，《社会科学研究》2018 年第 6 期。

王长坤、张波：《从"曲忠维孝"到"移孝作忠"——先秦儒家孝忠观念考》，《管子学刊》2010 年第 1 期。

王海明：《爱有差等：儒家的伟大发现》，《武陵学刊》2016 年第 3 期。

王向清、彭抗洪：《徐复观对"五四"时非孝思想的反思》，《哲学动态》2015 年第 7 期。

王永灿：《论孟子之"义"的三重哲学意蕴》，《内蒙古师范大学学报》（哲学社会科学版）2013年第5期。

吴培德：《〈易经〉中的伦理道德思想》，《曲靖师专学报》2000年第1期。

颜炳罡：《正义何以保证？——从孔子、墨子、孟子、荀子谈起》，《孔子研究》2011年第1期。

杨维中：《孝道与现代家庭伦理》，《中国哲学史》1997年第2期。

叶涛：《二十四孝初探》，《山东大学学报》1996年第1期。

易小明：《中国传统社会文化差等——平等结构的特质及其消极影响》，《孔子研究》2007年第4期。

余维武：《论先秦儒家的榜样教化思想》，《教育科学研究》2018年第6期。

郁有学：《近代中国知识分子对传统孝道的批判与重建》，《东岳论丛》1996年第2期。

臧政：《论儒家伦理的差等与平等之统一》，《齐鲁学刊》2017年第1期。

曾振宇：《孟子孝论对孔子思想的发展与偏离——从"以正致谏"到"父子不责善"》，《史学月刊》2007年第11期。

张岸萍：《论荀子的"礼义之孝"》，《经济研究导刊》2014年第8期。

张崇琛：《从〈周易·家人〉看中国早期的家规与家风》，《职大学报》2014年第3期。

张红萍：《〈易经〉与儒家的男女观评析》，《社会科学论坛》2014年第11期。

张杰：《庄子孝道研究》，《山东理工大学学报》（社会科学版）2015年第1期。

张晓松：《移孝作忠——〈孝经〉思想的继承发展和影响》，《孔子研究》2006年第6期。

张新：《孝：本源情感与终极关切》，《阴山学刊》2015年第3期。

张一鸣：《〈孝经〉中的孝与忠》，《文化学刊》2018年第6期。

张再林：《比较哲学视野下的中国哲学的情本主义》，《学海》2017年第4期。

张子峻：《论古今视阈转换下孝观念的敬顺之变——以〈论语〉"子游问孝"章的诠释史为例》，《理论月刊》2019年第2期。

周海春、荣光汉：《论孟子之"义"》，《中国哲学》2018年第8期。

周海生：《亲情与恩义：论荀子孝道观的价值维度》，《孔子研究》2017年第4期。

周浩翔：《伦理与政治之间——徐复观对孟子伦理思想的政治哲学阐释》，《现代哲学》2016年第6期。

周义龙：《论荀子对儒家孝道观的继承与发展》，《哈尔滨学院学报》2010年第7期。

四 学位论文

曹成双：《何种差等是可以辩护的》，博士学位论文，清华大学，2015年。

曹小现：《〈孝经〉中的儒家终极关怀思想探析》，硕士学位论文，西藏民族学院，2014年。

方莉：《孟子"情"观念研究》，硕士学位论文，南京大学，2013年。

徐敏：《中国封建社会不孝罪研究》，硕士学位论文，黑龙江大学，2014年。

五 报纸网络文献

方朝晖：《读经应该遵循的三个原则》，《中华读书报》2016年11月23日第9版。

李长春：《应当如何看待〈二十四孝图〉》，《中国艺术报》2016年1月18日第7版。

金纲：《儒家提倡"二十四孝"？这就是个大误解！》，http://www.

sohu. com/a/147155908_ 740471，2017 年 6 月 8 日。

张子军：《为儿孙站好最后一班岗》，https：//tieba. baidu. com/p/6013587922？red_ tag＝2823021696，2019 年 1 月 21 日。

《〈二十四孝〉宣传的中国孝文化，看似正能量，其实很变态》，https：//baijiahao. baidu. com/s？id＝16103662666112063485&wfr＝spider&for＝pc，2018 年 9 月 1 日。

《心理学：因为伺候老人而拖垮了自己，值得吗？》，https：//baijiahao. baidu. com/s？id＝1640656559892452048&wfr＝spider&for＝pc，2019 年 8 月 1 日。